Johannes Krottmaier

Leitfaden Simultaneous Engineering

Kurze Entwicklungszeiten
Niedrige Kosten
Hohe Qualität

Springer-Verlag

Berlin Heidelberg New York
London Paris Tokyo
Hong Kong Barcelona Budapest

Dr. techn. Johannes Krottmaier
Team F&E
Sternäckerweg 57
A-8041 Graz

ISBN 3-540-58636-9 Springer-Verlag Berlin Heidelberg NewYork

Cip-Eintrag beantragt

Dieses Werk ist urheberrechtlich geschützt. Die dadurch begründeten Rechte, insbesondere die der Übersetzung, des Nachdrucks, desVortrags, der Entnahme von Abbildungen und Tabellen, der Funksendung, der Mikroverfilmung oder Vervielfältigung auf anderen Wegen und der Speicherung in Datenverarbeitungsanlagen, bleiben, auch bei nur auszugsweiser Verwertung, vorbehalten. Eine Vervielfältigung dieses Werkes oder von Teilen dieses Werkes ist auch im Einzelfall nur in den Grenzen der gesetzlichen Bestimmungen des Urheberrechtsgesetzes der Bundesrepublik Deutschland vom 9. September 1965 in der jeweils geltenden Fassung zulässig. Sie ist grundsätzlich vergütungspflichtig. Zuwiderhandlungen unterliegen den Strafbestimmungen des Urheberrechtsgesetzes.

© Springer-Verlag Berlin Heidelberg 1995
Printed in Germany

Die Wiedergabe von Gebrauchsnamen, Handelsnamen, Warenbezeichnungen usw. in diesem Buch berechtigt auch ohne besondere Kennzeichnung nicht zu der Annahme, daß solche Namen im Sinne der Warenzeichen- und Markenschutz-Gesetzgebung als frei zu betrachten wären und daher von jedermann benutzt werden dürften.

Sollte in diesem Werk direkt oder indirekt auf Gesetze, Vorschriften oder Richtlinien (z.B. DIN, VDI, VDE) Bezug genommen oder aus ihnen zitiert worden sein, so kann der Verlag keine Gewähr für die Richtigkeit, Vollständigkeit oder Aktualität übernehmen. Es empfiehlt sich, gegebenenfalls für die eigenen Arbeiten die vollständigen Vorschriften oder Richtlinien in der jeweils gültigen Fassung hinzuzuziehen.

Satz: Reproduktionsfertige Vorlage des Autors
SPIN: 10478310   62/3020 - 5 4 3 2 1 0 - Gedruckt auf säurefreiem Papier

Vorwort

Die globale Verfügbarkeit von Produkten hat zu einem Verdrängungswettbewerb geführt, der bis heute drei deutlich differenzierte Stufen durchlief: Große Marktanteile — bis hin zur Marktbeherrschung — konnten in der industriellen Konsolidierungsphase nach dem zweiten Weltkrieg durch Kostenführerschaft erobert werden. Parallel mit den in größerem Umfang verfügbaren Finanzmitteln stiegen dann auch die Produktanforderungen, so daß in der nächsten Phase zusätzlich zu den günstigen Produktkosten die gleichzeitige Qualitätsführerschaft eine ebenso wichtige Rolle übernahm. Vielen Unternehmen ist es in Europa und Amerika — besonders in den letzten Jahren — gelungen, den Vorsprung auf dem Kosten- und Qualitätssektor der japanischen Anbieter auf vielen Produktsektoren in den genannten Kriterien annähernd einzuholen.

Die Erfolge im heute dominierenden Zeitwettbewerb werden bei der Verteidigung oder Eroberung von zukünftigen Marktanteilen ausschlaggebend sein. Die inzwischen als Standardwerk über die Automobilindustrie anerkannte MIT-Studie „The Machine that Changed the World" hat nicht nur die japanischen Methoden zur Erlangung der Kosten- und Qualitätsführerschaft aufgezeigt. Vielmehr wurde darin auch deutlich gemacht, daß die gesamte Zeit für die Produktgenerierung in Japan bis zu einem Drittel kürzer ist als die vergleichbaren Entwicklungszeiträume in Europa und USA. Ein wichtiger Grund für die zeitaufwendigere Entwicklungsphase in diesen beiden Teilen der Triade war und ist die sequentielle Abarbeitung der einzelnen Stufen im Rahmen der komplexen Generierung eines neuen Produktes. Bei dieser traditionellen Entwicklungssystematik werden die jeweils nächsten Entwicklungsschritte erst nach Freigabe des vorangegangenen Leistungsprozesses gestartet.

Kostbare Zeit kann dagegen gewonnen werden, wenn — soweit sinnvoll und möglich — die Arbeitsabläufe verschiedener Funktionsbereiche möglichst parallelisiert werden. Diese Parallelisierung der einzelnen Entwicklungsabläufe führt zu simultan ablaufenden

Leistungsprozessen, für deren Methodik sich inzwischen der Begriff des „Simultaneous Engineering" durchgesetzt hat.

Simultaneous Engineering erfordert insbesondere in der Konzeption der durchzuführenden Entwicklungsaufgaben und bei der Planung in der Frühphase eine weitaus komplexere Strukturierung der folgenden prozeßorientierten Abläufe als auch eine entsprechende Projektorganisation, die die Koordination der simultan ablaufenden Prozesse zu übernehmen in der Lage ist. Die Chancen, die Simultaneous Engineering zur Markteinführung (Time to Market) auch aufwendiger Produkte gibt, erfordern in der gesamten Phase der Produktgenerierung und Produktionseinrichtung eine hohe Disziplin aller Beteiligten. Noch kurz vor dem geplanten Serieneinsatztermin vorgenommene Änderungen stellen den durch Simultaneous Engineering gewonnenen Zeitvorsprung insgesamt in Frage.

Bereits in der Konzeptphase müssen deshalb die zu erfüllenden Kundenanforderungen und die eigene strategische Positionierung des Produktes auf dem Markt exakt definiert werden, um aus späteren Erkenntnissen resultierende Änderungsnotwendigkeiten von vornherein zu unterbinden. Die in dem vorliegenden Buch beschriebenen Phasen des Quality Function Deployment (QFD) sichern in einem hohen Maß ab, daß die Erwartungen des Kunden mit dem zu entwickelnden Produkt getroffen werden. Weniger wichtigen Produktinhalten wird dagegen eine deutlich niedrigere Priorität zugeordnet, so daß Zeit und finanzielle Aufwendungen dafür eingespart werden können.

Im Laufe der traditionellen seriellen Produktentwicklung, Produktionseinrichtung und Markteinführung haben sich Methoden und Abläufe etabliert, die häufig stillschweigend akzeptiert und nicht mehr hinterfragt wurden. In der jetzt stattfindenden zweiten industriellen Revolution müssen wir viele althergebrachte Arbeitsweisen, aber auch Denkweisen und Strategien, innerhalb kürzester Frist durch neue Ansätze ablösen. Das vorliegende Buch des Autors beschreibt die wichtigsten Methoden und Werkzeuge, die zu einer erfolgreichen Einführung und Abwicklung von Simultaneous Engineering notwendig sind. Die in der Konzeptions- und Definitionsphase unerläßlichen Werkzeuge zur sicheren Bestimmung von Produkteigenschaften und Produktqualitäten werden dem Leser ebenso in die Hand gegeben, wie Methoden zur Optimierung und

Koordination des parallelisierten Entwicklungsprozesses. Ebenso beschrieben wird der Aufbau des bei Simultaneous Engineering besonders wichtigen Projektteams, dessen spezielle Anforderungsprofile nicht von allen Mitarbeitern erfüllt werden.

Die drastisch verkürzten Entwicklungsabläufe geben erheblich weniger Gelegenheit zur späteren Fehlerkorrektur. In den terminbestimmenden Entwicklungsabläufen muß deshalb ein Null-Fehler-Durchgang ermöglicht werden. Die systematische und sichere Anwendung der FMEA (Fehler-Möglichkeit- und Einfluß-Analyse) wird deshalb als eine der bedingenden Methoden zur sicheren Beherrschung der kurzen Entwicklungszeiten eingehend beschrieben und in ihrer Anwendung detailliert dargestellt.

Die meisten Methoden und Verfahren, die noch heute in der westlichen Industrie im Rahmen von Entwicklungsabläufen eingesetzt werden, konnten sich über Jahrzehnte entwickeln und wurden zu einer nicht mehr reflektierten Selbstverständlichkeit geführt. Unternehmen, die auch im nächsten Jahrzehnt noch im Kampf um Marktanteile beteiligt sein möchten, müssen heute innerhalb weniger Jahre traditionelle Vorgehensweisen durch ungewohnte Neuerungen ersetzen. In diesem schnellen Wandel unserer industriellen Kultur fördert das vorliegende Buch das Verständnis über die Notwendigkeiten und Zusammenhänge der anzuwendenden Methoden und die Steuerung des zukunftsweisenden parallelisierten Entwicklungsprozesses.

Jürgen Stockmar
Vorstand Entwicklung,
der Adam Opel AG   Ingolstadt, im Februar 1995

Inhaltsverzeichnis

1. Ausgangssituation 1

2. Vergleich Aufwand über Projektlaufzeit 5
2.1. Resümee aus obigem Vergleich 9

3. Projektablaufplanung 13
3.1. Methodeneinsatz bei parallelisierten Abläufen 17
3.2. Quality Function Deployment (QFD) 19
3.2.1. Ablauf einer QFD-Studie, dargestellt anhand
   eines Praxisbeispiels 20
3.2.2. Resümee einer QFD-Studie 24
3.2.3. QFD in verschiedenen Prozeßebenen 25
3.3. Fehlermöglichkeits- und Einflußanalyse (FMEA) 31
3.3.1. Ablauf einer FMEA, dargestellt anhand eines
   Praxisbeispiels 32
3.3.2. FMEA in verschiedenen Prozeßebenen 36
3.4. Design Reviews (DR) und Freigabestufen 37
3.4.1. Freigabestufen 38
3.4.2. Design Review (DR), Freigabe Prozeß 39
3.5. Wertanalyse (WA) und statistische
   Versuchsplanung (DOE) 41
3.5.1. Wertanalyse (WA) 42
3.5.2. Statistische Versuchsplanung (DOE) 44
3.6. Benchmarking und Reverse Engineering 59

4. Leistungspakete und Teamzusammensetzung 63
4.1. Die Leistungspaketvergabe 64
4.2. Die Teamzusammensetzung 66
4.3. Regeln der Teamarbeit 70

5. Beispiel einer Projektdurchführung 71

5.1. Anforderungsprofil des Projektteams 72
5.2. Regeln für die Arbeit im Projektteam 74
5.3. Entwicklungsterminplanerstellung nach
     Simultaneous-Engineering-Prinzipien 77

6. Das fraktale Unternehmen nach Warnecke 81

6.1. Konsequenzen für das gesamte Unternehmen 87
6.2. Reorganisation nach fraktalen Prinzipien 90

7. Zusammenfassung 95

8. Was kommt nach der Reorganisation (Blickpunkt
   Maschinenbau) 99

9. Literatur 105

Index 109

1. Ausgangssituation

„Ich habe das Gefühl bekommen, daß es in der Wissenschaft des 20. Jahrhunderts eine Tendenz gibt zu vergessen, daß es auch eine Wissenschaft des 21. Jahrhunderts geben wird und sogar eine des 30. Jahrhunderts, von deren Standpunkt aus betrachtet unsere Kenntnis des Universums völlig anders sein wird. Wir leiden vielleicht unter einem zeitlichen Provinzialismus, eine Form von Arroganz, die schon immer die Nachkommen irritiert hat." (J. ALLEN HYNEK, *Astrophysiker, 1966*)

JURAN hat in den späten siebziger Jahren richtig erkannt, daß High-Tech-Produkte aus Japan ein Qualitätsniveau erreicht haben, das dem aus westlichen Fertigungen überlegen ist. Bestätigt wurde diese Hypothese durch massive Marktgewinne Japans in den USA und Europa auf den Gebieten Elektronik, Optik, Maschinenbau, allgemein, verarbeitende Industrie, und Fahrzeugbau im besonderen. Leider wurde die Studie, als sie veröffentlicht wurde, vom westlichen Management ignoriert bzw. wurde der funktionelle Zusammenhang zwischen Qualität und Markterfolg nicht erkannt. Die Folgen waren und sind gravierende Markteinbrüche westlicher Produkte bist hin zu Firmenübernahmen durch die japanische Konkurrenz.

Hohe Qualität steht in direkter Beziehung zum Markterfolg eines Produktes.

Auch heute, Mitte der neunziger Jahre, sind die Folgen nach wie vor stark spürbar, da sich die gesamte Marktsituation auf einen reinen Verdrängungswettbewerb umstellen mußte, bei dem der Kunde im Mittelpunkt der betrieblichen Aktivitäten steht.

Anders ausgedrückt, bedeutet Qualität heute...

*bestmögliche Erfüllung
der Kundenwünsche.*

Je besser Kundenwünsche umgesetzt werden, desto höher ist das Qualitätsniveau.

Nachdem der Westen in wirklichen Schwierigkeiten war, Umsatzzahlen eingebrochen sind, ganze Märkte nicht mehr existieren und zehntausende Mitarbeiter auf die Straße gesetzt werden mußten, wurde ein erster Schritt in Richtung Schadensbegrenzung in der Weise gesetzt, daß man japanische Strukturen genau analysierte.

Das Resümee war, daß sich deren Denkstrukturen grundlegend von den unseren unterscheiden, und aus diesem Grund Organisationsstrukturen nicht ohne weiteres auf westliche Bedürfnisse abstrahiert bzw. angewendet werden können. Um jedoch nicht durch Nichtstun zu glänzen, wurde versucht, in unser betriebliches Procedere verschiedene Anwendungstechniken nach TAGUCHI, ISHIKAWA usw. zu integrieren.

Die Managementstrategien bleiben unangetastet.

Der zentrale Punkt, nämlich die Managementstrategien zu überdenken, wurde aufgrund eines drohenden Machtverlustes bzw. aufgrund unpopulärer Aktivitäten gegenüber dem mittleren Management im ersten Schritt der strukturellen Veränderungen nicht angetastet.

Diese Zaghaftigkeit mündete darin, daß neue Techniken im Untergrund und unter Ausschluß des allgemeinen betrieblichen Umfelds „ausprobiert" wurden. Typischerweise bediente man sich folgender vorsichtiger Vorgangsweise:

Über die Initiative des Qualitätswesens wurde beschlossen, eine oder zwei Personen, vorzugsweise aus der mittleren Hierarchieebene, auf ein Versuchsplanungsseminar zu schicken. Diese hören sich den Vortrag an, kommen nach zwei Tagen meist äußerst verwirrt an ihren Arbeitsplatz zurück und bekommen von ihren Vorgesetzten den Auftrag, das Gelernte anhand eines konkreten Beispiels in die Praxis umzusetzen. Natürlich muß dies mehr oder weniger im Untergrund geschehen, um gewohnte Hierarchien und Abläufe nicht zu stören bzw. einen möglichen Fehlschlag zu kaschieren.

Bei Änderungen müssen Hierarchien unangetastet bleiben.

Angesiedelt wird dieses „Pilotprojekt" in der Produktion, da dort, wie es scheint, Probleme häufiger anzutreffen und einfacher zu durchschauen sind. Bei der Durchführung stoßen die „Versuchsplanungs-Geschulten" meist auf erheblichen Widerstand, da sie die Kompetenzordnung umgangen haben, was natürlich pauschal zur Ablehnung für das gesamte Thema führt (vor allem dann, wenn das Experiment mißlingt).

Pilotprojekte sind nicht durchorganisiert.

Endlich wird das Pilotprojekt durchgeführt und bringt tatsächlich nicht das gewünschte Resultat (gottseidank war es nicht allgemein publik). Aufgrund dessen wird analysiert, was denn grundsätzlich falsch war. Schließlich erkennt man, daß die Methode eine statistisch nicht in allen Punkten fundierte war und wendet sich mit demselben Procedere einer grundsätzlich anderen Anwendungstechnik zu. Spätestens nach zwei bis drei solchen Erfahrungen weiß man dann, daß japanische Anwendungstechniken für den eigenen Hausgebrauch aufgrund des eigenwilligen Aufbaus nicht zu verwenden sind. Man bleibt daher bei konventionellen Methoden und legt das Thema ad acta.

Außer hohen Ausbildungskosten und Resourcenbindung wurde bei dieser Vorgehensweise ausschließlich ein Expertenstreit losgetreten, der sich nicht mit der nutzbringendsten Anwendung von z.b. Versuchplanungstechniken, sondern der Richtigkeit und dem akademischen Wert dieser Techniken beschäftigt, und dies, obwohl Erfahrungswerte gezeigt haben, daß sie erfolgreich sein können.

Nachdem diese Techniken bei unseren größten Konkurrenten erfolgreich sind, bei uns auch vollinhaltlich verstanden werden, aber uns keinen meßbaren Erfolg bringen, sondern im Gegenteil erhebliche Zusatzkosten verursachen, muß man sich die Frage stellen, was wir wirklich falsch machen und wie wir ein optimales Umfeld gestalten können.

Dabei ist zu berücksichtigen, daß ein Großteil neuer Denkanstöße nicht direkt und betriebswirtschaftlich quantifizierbar ist, sondern als betriebsphilosophische Grundlage gesehen werden muß.

Neue Ansätze sind oft betriebswirtschaftlich nicht quantifizierbar, sondern stellen eine Philosophie dar.

Der erste Schritt einer betrieblichen Neuordnung und Verbesserung besteht aus diesem Grunde darin, eine globale Vorgehensstrategie in bezug auf innerbetriebliche Abläufe festzulegen und diese auf die tägliche Arbeit zu übertragen. Als Hilfestellung, solch eine Vorgehensweise zu finden, kann wiederum der Blick zur Konkurrenz herangezogen werden.

2. Vergleich Aufwand über Projektlaufzeit

Im Jahr 1988 veröffentlichte das American Supplier Institute eine Studie, welche Änderungen über die Projektlaufzeit zwischen Japan (Mazda) und dem Westen (Ford) verglich (Abb. 2.1).

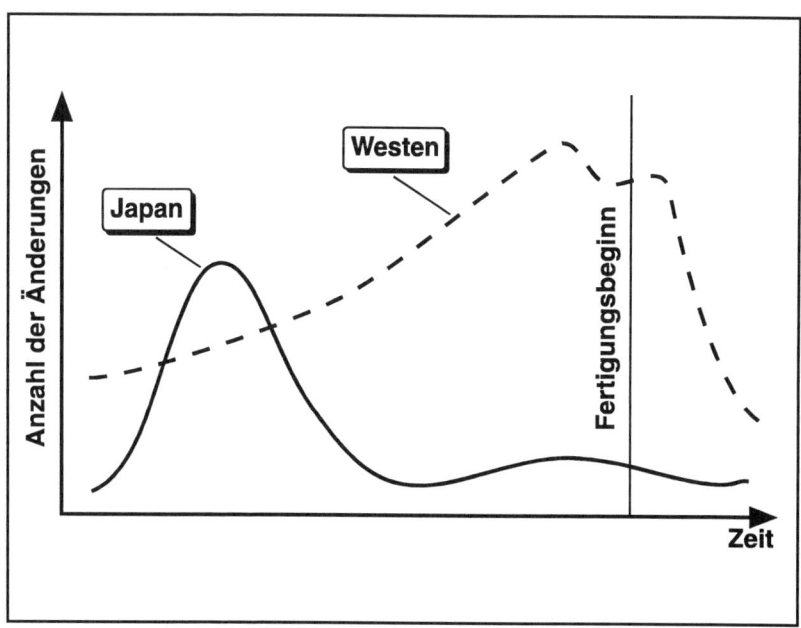

Abb. 2.1. Anzahl der Änderungen über die Zeit

Aus dieser Studie geht klar hervor, daß das Änderungs- und damit Aktivitätsverhalten bei den Entwicklungen signifikant zwischen Japan und dem Westen differiert. Das westliche Änderungsverhalten ist dadurch geprägt, daß die

Die Verlagerung von Änderungen in Richtung frühe Projektphase zeichnet ein aktives Management aus.

Änderungen in Richtung Fertigungsbeginn progressiv ansteigen, wodurch auch nach Serienstart noch sehr viele Änderungen zu erwarten sind. Anders ausgedrückt bedeutet dies, daß westliche Unternehmen, die gemäß dieser Änderungskurve arbeiten, ein *Management by Reacting* anstatt ein *Management by Acting* betreiben. Es wird gewartet, bis Probleme auftreten, auf die man anschließend reagieren muß. Man entwickelt ein Produkt, ohne auf die Produzierbarkeit zu achten, was vor Serienstart einen Wulst an Aktivitäten verlangt, um überhaupt eine Serienfertigung gewährleisten zu können. Serienfertigungsprobleme sind automatisch vorprogrammiert.

Anders die Aktivitätenkonzentration bei den Japanern. Änderungen erfolgen hier in einer frühen Projektphase, zu Fertigungsbeginn ist das Änderungsniveau nahe bei Null. Der Schluß liegt hier nahe, daß Präventivmaßnahmen gesetzt werden, um Änderungen vor Serienbeginn zu verhindern — eine klassische Form von Management by Acting.

Der Gesamtaufwand, Projektinhalte abzuarbeiten, ist zwischen aktivem und reaktivem Management mit dem Faktor 1 : 2 zu bewerten.

Vergleicht man die Fläche der beiden Kurven, so ersieht man, daß das Flächenverhältnis bei 1 : 2 liegt, oder anders ausgedrückt, der Gesamtaufwand der Entwicklungsarbeit, ausgehend von der ersten Idee bis zum Serienstart, ist in Japan nur halb so groß wie im Westen.

Beispiel Automobilindustrie: In Japan entwickeln 400 bis 500 Mitarbeiter ein Fahrzeug, in Europa 1.000 bis 2.000 (Stand 1992, WOMACK, JONES, ROOS).

Der oben dargestellte Sachverhalt wird bei Betrachtung von Abb. 2.2, bei dem Änderungsmöglichkeiten und Änderungskosten tendenziell über der Projektlaufzeit dargestellt sind, noch einmal verschärft.

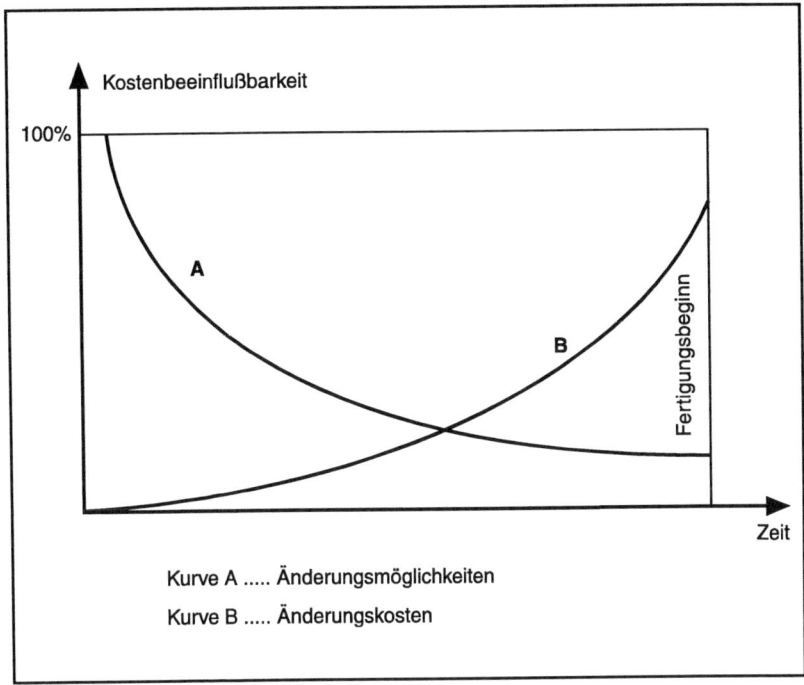

Abb. 2.2. *Änderungsmöglichkeiten/Änderungskosten*

Die Änderungskosten steigen progressiv mit fortschreitender Projektlaufzeit, was natürlich verständlich ist. Eine Zeichnung ist mit geringerem Aufwand zu ändern als eine bereits existierende Fertigungsstraße.

Die Änderungsmöglichkeiten fallen degressiv mit fortlaufender Projektlaufzeit, was ebenfalls logisch ist. Bei Beginn der Fertigungsplanung kann man sich noch Gedanken über die Art des Fertigungsverfahrens machen, zu einem späteren Zeitpunkt nur mehr darüber, ob man für das

Späte Änderungen sind technisch unvollkommen.

Nachfolgende Fachabteilungen haben geringen bis gar keinen Einfluß auf die Produktperformance.

festgelegte Fertigungsverfahren die Werkzeugmaschine vom Lieferanten A oder B kauft.

Dies bedeutet, jede konzeptionelle Festlegung schränkt den Bewegungsspielraum der nachfolgenden Fachabteilungen drastisch ein, oder: Die Produktentwicklung legt bereits 80% der Gesamtkosten und Gesamtprobleme des Produktes fest, ohne daß nachfolgende Abteilungen entscheidende Einflußmöglichkeiten zur Korrektur hätten (HARTLEY, MORTIMER, 1991).

Bei gemeinsamer Analyse von Abbildung 2.1 und 2.2 wird auch klar, warum der Westen erhebliche Wettbewerbsnachteile gegenüber Japan hinnehmen muß.

Späte Änderungen sind teuer, der Westen legt Änderungen aber in eine späte Entwicklungsphase. Die logische Folgerung daraus ist, daß westliche Produkte bei gleicher Produktperformance gegenüber der japanischen Konkurrenz einen erheblichen Kostennachteil zu tragen haben (Abb. 2.3).

Neben den Kostennachteilen muß auch die technische Einflußmöglichkeit betrachtet werden. Diese ist nach dem japanischen Ansatz wesentlich größer als nach dem westlichen Muster, da frühe Änderungen bei einem hohen technischen Freiheitsgrad durchgeführt werden können. Dies impliziert, daß japanische Produkte eine *höhere technische Serienreife* aufweisen als vergleichbare westliche Produkte, und dies bei geringeren Gesamtkosten.

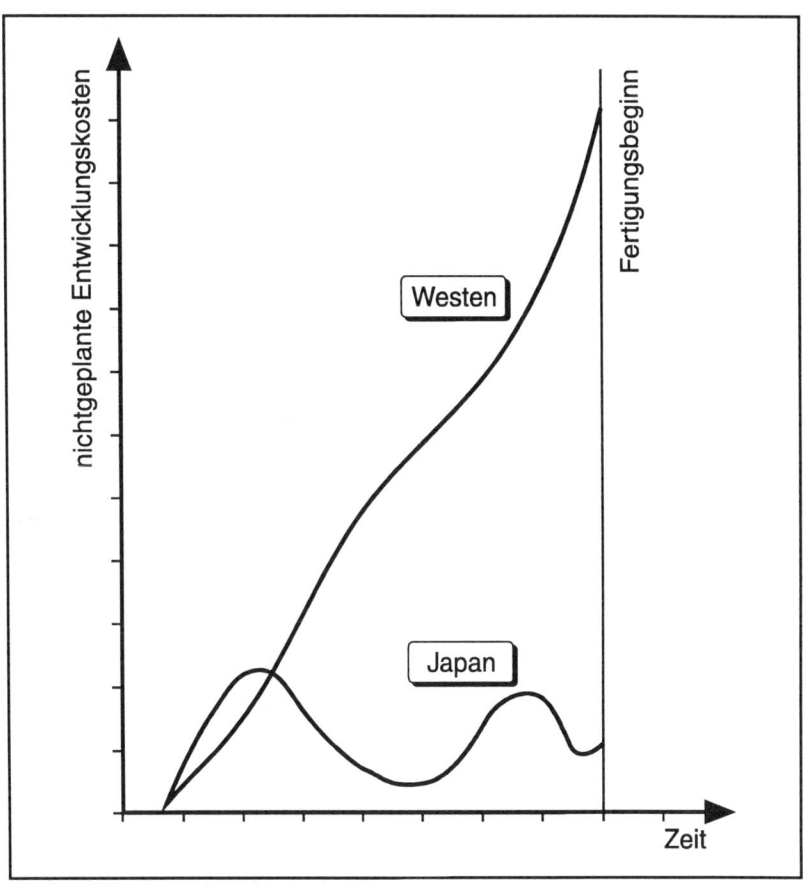

Abb. 2.3. Nichtgeplante Entwicklungskosten über der Projektlaufzeit

2.1. Resümee aus obigem Vergleich

Es ist natürlich vollkommen klar, daß obige Analyse nur relativ gesehen werden kann und von der Richtigkeit von Abbildung 2.1 abhängt. Dennoch können wichtige Schlüsse für die Neuorganisation von innerbetrieblichen Abläufen gezogen werden.

1.) Produkt- und Prozeßänderungen müssen möglichst früh erfolgen — *Management by Acting.*

2.) Produktentwicklung heute bedeutet: *Entwicklung einer Idee bis zum Start der Serienproduktion.*

Entwicklungsabläufe müssen innerbetrieblich ganzheitlich gesehen werden.

Punkt 1) muß nicht weiter interpretiert werden, wohl aber Punkt 2). In diesem Statement ist impliziert, daß Produkt und Prozeßentwicklung nicht zu trennen, sondern als eine Gesamtheit zu sehen sind. Bezieht man in diese Überlegung die Definition des Begriffes „Qualität" als Berücksichtigung des Kundenwunsches mit ein, so bedeutet dies den Aufbau eines Regelkreises, ausgehend vom Kundenwunsch bis zum serienreifen Produkt (Abb. 2.4).

Ausgehend von den oben gezogenen Schlüssen, die im Prinzip eine Philosophie darstellen, kann eine innerbetriebliche Organisation aufgebaut werden, die kundenwunschzentriert, kalkulierbar und mit hoher technischer Einflußnahme neue Produkte zur problemlosen Serienreife entwickelt.

Sämtliche Folgeüberlegungen sind daher auf die drei Postulate aufgebaut:

○ **Qualität** ist die **bestmögliche Erfüllung von Kundenwünschen.**

○ **Änderungen** müssen in einer **möglichst frühen Projektphase** erfolgen *(Management by Acting).*

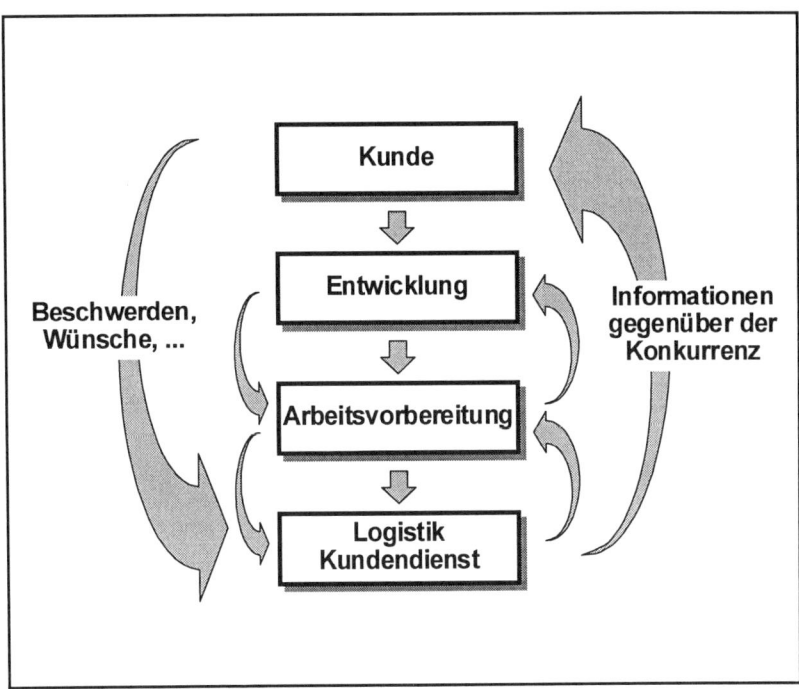

Abb. 2.4. Regelkreis Kunde — Lieferant

○ der **Entwicklungsprozeß beginnt** bei den **Kundenwünschen** und **endet ab Beginn** einer problemlosen **Serienproduktion.**

3. Projektablaufplanung

Werden Projekte wie bisher sequentiell abgearbeitet, so sinkt die konzeptionelle Freiheit für jede nachfolgende Fachabteilung (Abb. 3.1).

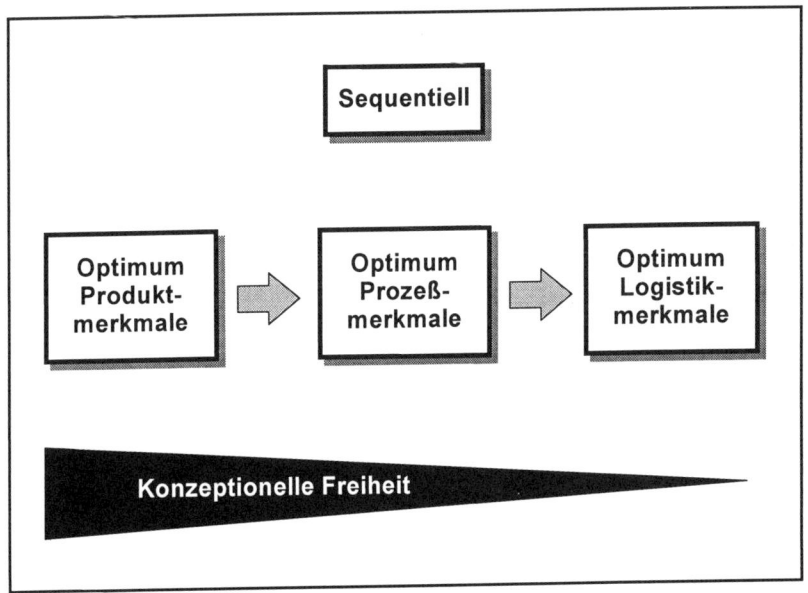

Abb. 3.1. Konzeptionelle Freiheiten bei sequentieller Arbeitsweise

Anders ausgedrückt bedeutet dies, daß *nach* erfolgter Festlegung von Produktmerkmalen bereits kein Optimum für Prozeßmerkmale mehr gefunden werden kann. In Folge gilt dies natürlich auch für Logistik-Merkmale, nur eben noch einmal erheblich eingeschränkt.

Sequentielle Arbeitsweise bedeutet eine Einschränkung für nachfolgende Fachbereiche.

Will man von einer Stelle, die in der Mitte der Prozeßkette liegt, optimieren, so bedeutet dies meist automatisch eine Rückkopplung bis zum

Beginn bzw. Ende der Prozeßkette. Änderungen, und zwar an einer fortgeschrittenen Stelle des Projektablaufs, sind vorprogrammiert, ja erstrecken sich meist bis weit nach Serienanlauf.

Parallele Arbeitsweise fördert die kreative Freiheit für alle Fachbereiche.

Ist es die Strategie, einen Ablauf zu gestalten, der die Prämisse möglichst früher Änderungen an Produkt und Prozeß enthält, so muß die konzeptionelle Freiheit für jede Fachabteilung dieselbe sein, was eine Vorverschiebung und Parallelisierung aller Aktivitäten bedeutet (Abb. 3.2).

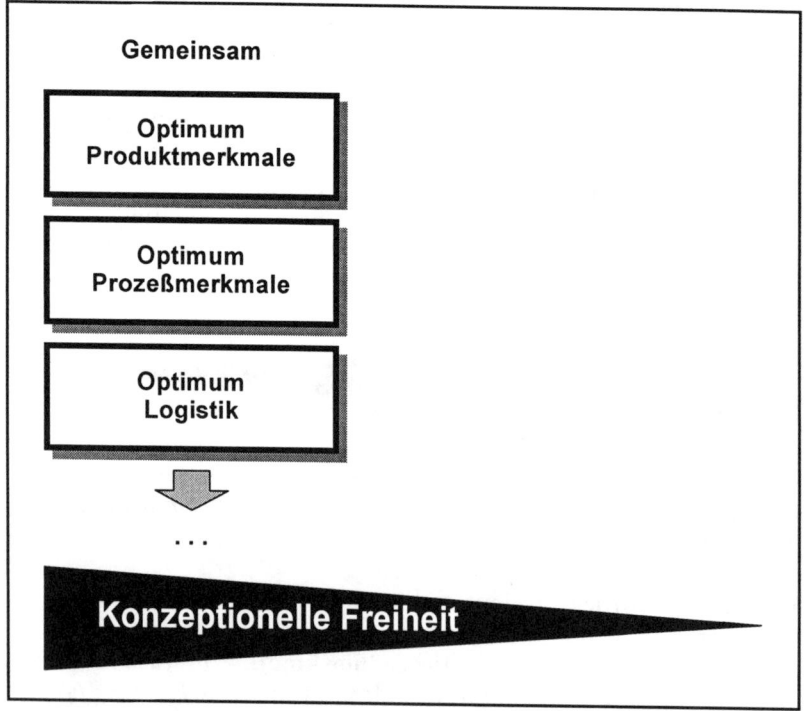

Abb. 3.2. *Konzeptionelle Freiheit bei gemeinsamer Arbeitsweise*

Nur durch ein simultanes und gleichzeitiges Abarbeiten aller Fachinhalte gelingt es, Änderungen zu einem späteren Projektzeitpunkt zu vermeide. Die Folge ist eine Annäherung an die japanische Änderungskurve, dargestellt in Abbildung 2.1, mit all ihren Vorteilen betreffend technische Einflußnahme und Änderungskosten. Quasi als Nebeneffekt werden durch diese Vorgehensweise Projektlaufzeiten drastisch verkürzt (Abb. 3.3), was wiederum bedingt, daß die Zeiten bis zur Markteinführung ebenfalls verkleinert werden — ein erheblicher Vorteil gegenüber der Konkurrenz.

Parallelisierte Abläufe verkürzen **Time to Market** *drastisch.*

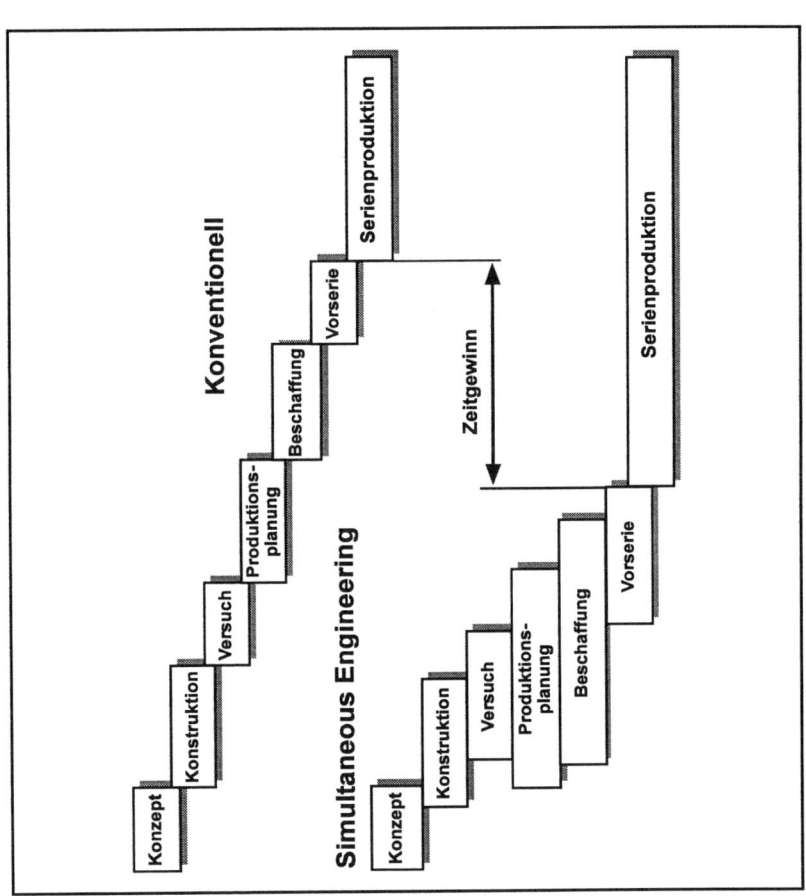

Abb. 3.3. Verkürzung von Projektlaufzeiten durch Parallelisierung

Obwohl dieses Vorgehen logisch erscheint, wird vielfach argumentiert, daß das Risiko überproportional hoch wird, da teilweise ganze Arbeitsblöcke zu verwerfen sind. Dies vor allem, wenn am Anfang der Prozeßkette ein Fehler auftritt. Leider wird vergessen, daß bei einer konventionellen Vorgehensweise diese Argumentation in die andere Richtung zu erfolgen hat, nämlich dann, wenn vor Serienstart klar wird, daß zum Beispiel die Konstruktion nicht serientauglich ist.

Parallelisierte Abläufe fördern interdisziplinäre Kommunikation.

Außerdem bedeutet parallelisiertes Arbeiten nicht parallelisiertes und isoliertes Arbeiten in den jeweiligen Fachbereichen, sondern die Möglichkeit, eine interdisziplinäre Kommunikationsschiene aufzubauen, da das Projekt für alle Fachbereiche simultan startet.

Die interdisziplinäre Kommunikationsschiene wiederum erlaubt eine äußerst *intensive Konzeptphase*. Durch das Zusammenwirken aller Fachbereiche kann das Produkt bis zur Serienreife durchdacht werden, d.h. das Projekt existiert als sogenannte *Brainware*. Das gesamte Projektrisiko wird drastisch reduziert, wenn vor Vorliegen von Detailzeichnungen bereits Klarheit über die Produzierbarkeit des neuen Produktes herrscht.

Im Primärdesign wird das Produktkonzept bis in den einzelnen Herstellschritt interdisziplinär durchdacht.

Bekannt ist diese Vorgehensweise, die außer der Bindung von Personalkapazität gratis ist, unter dem Namen **Primärdesign.**

Das Primärdesign muß immer der erste Schritt einer Prozeßkette sein, die erst dann anläuft, wenn sämtliche Aspekte, wie Produktionsverfahren, Auslieferungswege usw., vollkommen klar durchdacht vorliegen.

Im zweiten Schritt, dem *Sekundärdesign*, erfolgt parallelisiert die Zeichnungserstellung, Arbeitsplanung, der Prototypenbau usw., d.h. alle Aktivitäten, die als Endziel den Serienstart beinhalten.

Es ist natürlich sehr schwierig, komplexe Produkte mit noch komplexeren Herstellverfahren ohne geeignete Hilfsmittel brainwaremäßig darzustellen, da die multipel vorhandenen funktionalen Zusammenhänge total unüberschaubar werden. Aus diesem Grund ist es angezeigt, den Prozeß des Primärdesigns durch geeignete Hilfsmittel zu ergänzen.

3.1. Methodeneinsatz bei parallelisierten Abläufen

Methoden zur aktiven Unterstützung der Produktentwicklung müssen folgende Eigenschaften aufweisen:

Entwicklungsmethoden unterstützen Brainwarephase.

○ Funktionsdarstellung zwischen Kundenwünschen und z.B. Herstellungsschritten,

○ Risikominimierung bereits vor Vorliegen von Prototypen,

○ Produktfunktionsentwicklung und Optimierung muß möglich sein,

○ transparente Projektstatus-Darstellbarkeit,

○ Identifizierung von Einsparungspotentialen bereits am Produktkonzept.

Zudem müssen diese Techniken strategisch so in den Projektablauf integriert werden, daß ein maximaler Nutzen aus deren Anwendung gezogen werden kann. Optimierungstechniken sind zum Beispiel dann relativ nutzlos, wenn sie als Problemlösungstechniken eingesetzt werden.

Bei der Integration von Entwicklungstechniken in den Projektablauf ist auf maximale konzeptionelle Freiheit zu achten.

Generell kann gesagt werden, daß sie so einzusetzen sind, daß möglichst ein „Null-Fehler"-Projektdurchlauf erreicht wird bzw. daß deren Resultate auch wirklich noch für das Projekt verwertbar sind. Werden etwa minimale Getriebegeräusche dadurch erhalten, daß die Übersetzung geändert wurde, so ist dieses Ergebnis nur solange verwertbar, als diese konzeptionelle Freiheit überhaupt besteht.

Eine Integration in die bestehende Ablaufplanung ist damit obligat (Abb. 3.4).

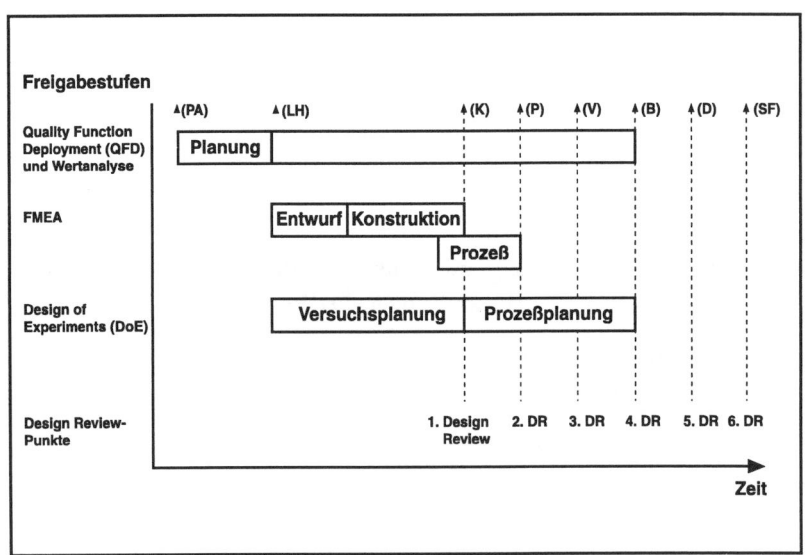

Abb. 3.4. *Integration von Entwicklungsmethoden in den Entwicklungsablauf*

3.2. Quality Function Deployment (QFD)

QFD ist eine Technik, welche ausgehend vom Kundenwunsch eine brainwaremäßige Projektdarstellung bis hin zu kritischen Herstellungsschritten erlaubt. Die Anwendung von QFD erfolgt in einer möglichst frühen Projektphase, nämlich nach Vorliegen der Kundenwünsche. Die Kundenwünsche werden vom Projektteam *gemeinsam* in eine technische Sprache übersetzt. Der große Vorteil von Quality Function Deployment liegt darin, daß ...

QFD übersetzt Kundenwünsche in eine technische Sprache.

○ positive und negative Wechselwirkungen zwischen Produktmerkmalen einfach erkannt werden,

QFD managt Produkt-Zielkonflikte.

○ Fehlinterpretationen von Kundenwünschen durch systematische Quervergleiche verhindert werden (Vermeidung von Overengineering),

○ kritische Produktmerkmale aufgezeigt und damit der Entwicklungsablauf gesteuert werden kann.

QFD zentriert die Entwicklung auf Kundenwünsche.

Natürlich ist das Ergebnis einer QFD-Studie von der richtigen Erfassung der Kundenwünsche einerseits und der Qualität der Erfahrungsinputs der Teammitglieder andererseits abhängig. Als innerbetriebliches Plus ist erwähnenswert, daß allein mit der Durchführung solch einer Studie ein Verständnis für das Projekt allgemein und ein Konsens für fachbereichsspezifische Probleme im besonderen erreicht wird. Die Projektarbeit kann dadurch um ein Vielfaches effizienter erfolgen.

QFD fördert die interdisziplinäre Kommunikation.

3.2.1. Ablauf einer QFD-Studie, dargestellt anhand eines Praxisbeispiels

QFD unterscheidet zwischen internen und externen Kunden.

Kundenwünsche sind der Input einer QFD-Studie, wobei als Kunde sowohl der Käufer und User (externer Kunde) im üblichen Sinne, aber auch jede mit der Produktentstehung tangierte Fachabteilung (interner Kunde) gemeint ist. So kann ein externer Kundenwunsch zum Beispiel ein leises Getriebe, ein interner Kundenwunsch die Herstellbarkeit eines speziellen Zahnrades sein.

Bevor man eine QFD-Studie startet, ist erhebliche Vorarbeit bei der Aufbereitung interner und externer Kundenwünsche zu leisten.

1. Keine Kundenwunschredundanz: Es ist darauf zu achten, daß kein Kundenwunsch mehrmals, und sei es in versteckter Form, vorkommt.

Die Effizienz einer QFD-Studie ist maßgeblich vom ersten Input abhängig.

Beispiel: Bei einem Mountainbike kann ein Kundenwunsch „leichte Bedienbarkeit" und ein anderer „leichte Schaltbarkeit" lauten. Da „einfach schaltbar" eine Untergruppe von „leicht bedienbar" darstellt, wird der spezielle Wunsch mit möglichen Ergänzungen (z.B. „einfache Sitzhöhenverstellung") in die Studie aufgenommen.

2. Die Inputebene muß immer gleich bleiben. Ein externer Kundenwunsch darf keine technische Vorgabe sein. (Dies ist bereits eine mögliche Interpretation eines Kundenwunsches.)

Beispiel: „Drehgriffschaltung" für ein Mountainbike ist eine technische Vorgabe, der Kundenwunsch wäre wiederum „einfach schaltbar". Mit dem Kundenwunsch „Drehgriffschaltung" müßte man erhebliche konzeptionelle Einbußen in Kauf nehmen. Mit „einfach schaltbar" sind noch viele Realisierungswege offen.

3. **Selbstverständliche Wünsche sind zu selektieren.** Der Kundenwunsch „Fortbewegungsmöglichkeit auch auf unbefestigter Straße" ist für die Produktgruppe Mountainbike ein trivialer Wunsch, da dies ein Charakteristikum für obiges Produkt darstellt. Kein Kunde würde ohne dieses Merkmal solch ein Rad kaufen.

4. **Funktionssplitting der Kundenwünsche.** Um QFD-Studien überschaubar zu halten wird empfohlen, den Input auf maximal 20 Größen zu begrenzen. Dies gelingt am ehesten, wenn Kundenwünsche nach unabhängigen Produktfunktionen getrennt und in parallel durchgeführten Studien bearbeitet werden.

Beispiel: Das Fahrverhalten eines Fahrzeugs kann von stilistischen Merkmalen in den meisten Fällen komplett separiert betrachtet werden.

Sind Kundenwünsche auf die oben beschriebene Weise bearbeitet, so kann die Studie begonnen werden (Abb. 3.5).

Ausgehend von den bearbeiteten Kundenwünschen (Abb. 3.5, Feld 1) werden die Produktmerkmale (Feld 2) aufgelistet, die den Kundenwunsch beschreiben. So kann der Kundenwunsch „leichtes Gehäuse" durch die Produktmerkmale „Material Gehäuse" und „geometrische Form Gehäuse" maßgeblich beeinflußt werden.

Der dritte Schritt ist die Bearbeitung von Feld 3, wo eine Beziehung zwischen Kundenwunsch

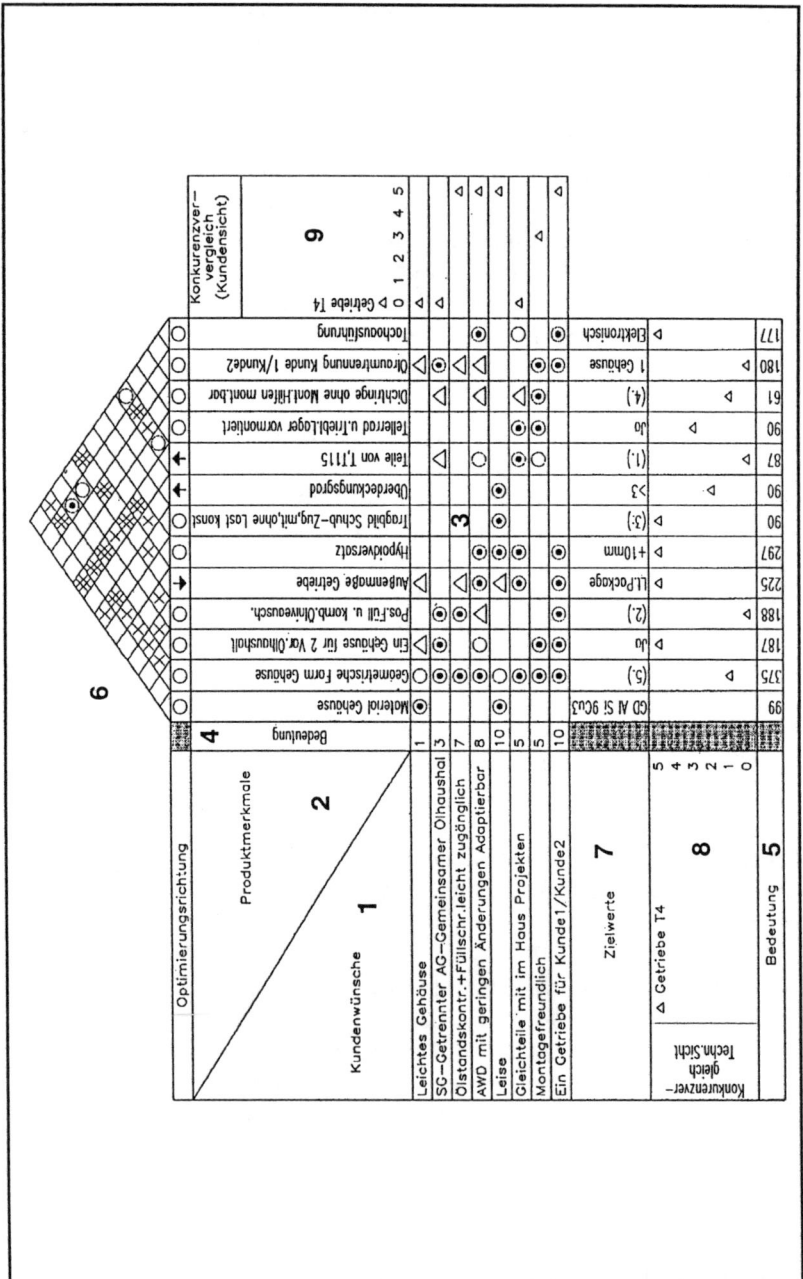

Abb. 3.5. QFD-Studie eines Power-Take-Off Getriebes (1. Stufe)

und Produktmerkmal festgestellt wird. Je nach Beziehungsstärke werde die Symbole ...

- ⊙ für stark
- ○ für mittel
- ∆ für schwach

mit jeweils 9, 3 und 1 Punkt vergeben.

Anschließend wird die Bedeutung der technischen Merkmale in bezug auf die Kundenwünsche (Feld 5) ermittelt, indem die Beziehungsstärke mit der Kundenwunschbedeutung (Feld 4) multipliziert und für jedes technische Merkmal aufsummiert wird.

<u>Beispiel:</u> Material Gehäuse mit Bedeutung 99 aus 1 x 9 + 10 x 9 = 99

Nachdem die Korrelationsmatrix (Feld 6), welche ...

- ⊙ stark positive[1]
- ○ positive
- x negative und
- # stark negative

Die Korrelationsmatrix läßt Zielkonflikte bezüglich der betrachteten Merkmale klar erkennen.

Beziehungen zwischen Produktmerkmalen aufzeigt, erstellt wurde, können abhängig von der Bedeutung (Feld 5) die Zielwerte der technischen Merkmale (Feld 7) festgelegt werden.

Der letzte Schritt einer QFD-Studie wird durch den Konkurrenzvergleich aus technischer Sicht (Feld 8) und dem Konkurrenzvergleich aus Kundensicht (Feld 9) herbeigeführt. Gibt es bei

---

1) Bemerkung: Stark negativ bedeutet zum Beispiel, daß „geringe Außenmaße des Getriebes" in starkem Widerspruch zu „Dichtringe ohne Montagehilfen montierbar" steht.

Ein Bestandteil von QFD ist Produktbenchmarking.

starken Beziehungen in Feld 3 unterschiedliche Punkte in den Feldern 8 und 9, so liegt offensichtlich ein Übersetzungsfehler eines Kundenwunsches vor. Teile der Studie müssen neu überarbeitet werden.

3.2.2. Resümee einer QFD-Studie

○ Der Schritt 7 — „Zielwertfestlegung" — wird, wie die übrigen Schritte der Studie auch, vom Projektteam bearbeitet, was bedeutet, daß entscheidende Produktvorgaben bei richtiger Teamzusammensetzung von allen Fachabteilungen getragen werden. Konzeptionelle Freiheiten sind für folgende Fachbereiche ungleich größer als ohne QFD.

○ Können keine Zielwerte festgelegt werden, so deutet dies auf einen Wissensmangel hin, der durch entsprechende Aktivitäten zu beheben ist. QFD ist damit auch ein Projektsteuerinstrument, das den Haupthandlungsbedarf klar darstellt.

QFD steuert und aktiviert andere Entwicklungstechniken.

○ Vergleicht man die eigenen Zielwerte für Produktmerkmale mit denen der Konkurrenz und erkennt aufgrund der Bedeutung (Feld 5), daß sie eine hohe Kundenrelevanz aufweisen, so ist es angezeigt, besser als der Konkurrent zu sein. Dies kann zum Beispiel mit Hilfe von Optimierungstechniken erreicht werden.

○ Werden die Zielwerte unter dem Aspekt des eigenen technischen Potentials betrachtet, so kann daraus ein Risiko für die Nichterreichung des Ziels abgeleitet werden. Ansatzpunkte für Fehlermöglichkeits- und

Einflußanalysen (FMEA) sind daraus direkt und zu einem sehr frühen Projektstand ableitbar.

○ Vergleicht man schließlich die Prioritäten untereinander, so wird klar, wohin die Entwicklungsrichtung führt.

Zusammenfassend kann gesagt werden, daß QFD ein Instrument darstellt, das brainwaremäßig eine systematische Produktentwicklung erlaubt und diese auch steuert.

3.2.3. QFD in verschiedenen Prozeßebenen

Das Konzept der brainwaremäßigen Produktentwicklung bis in den einzelnen Herstellschritt kann durch die Weiterführung einer QFD-Studie realisiert werden. Konkret werden die Realisierungen von Kundenwünschen in Zwischenschritten bis zu kritischen Herstellschritten in bezug auf Kundenwünsche aufgelöst (Abb. 3.6.1–3.6.4).

Kundenwünsche
→ Produktmerkmale
→ Teilemerkmale
→ Fertigungsmerkmale
→ Herstellschritte

Kundenwünsche werden bis in die kritischen Herstellschritte aufgelöst.

Jede Stufe bedingt eine weitere QFD-Studie, mit denselben In- und Outputkriterien wie oben erwähnt.

In Abbildung 3.6.1–3.6.4 ist zum Beispiel ersichtlich, daß der Kundenwunsch „leise" unter anderem durch das Fertigungsmerkmal „Auszugsrichtung normal auf Flansch" beeinflußt

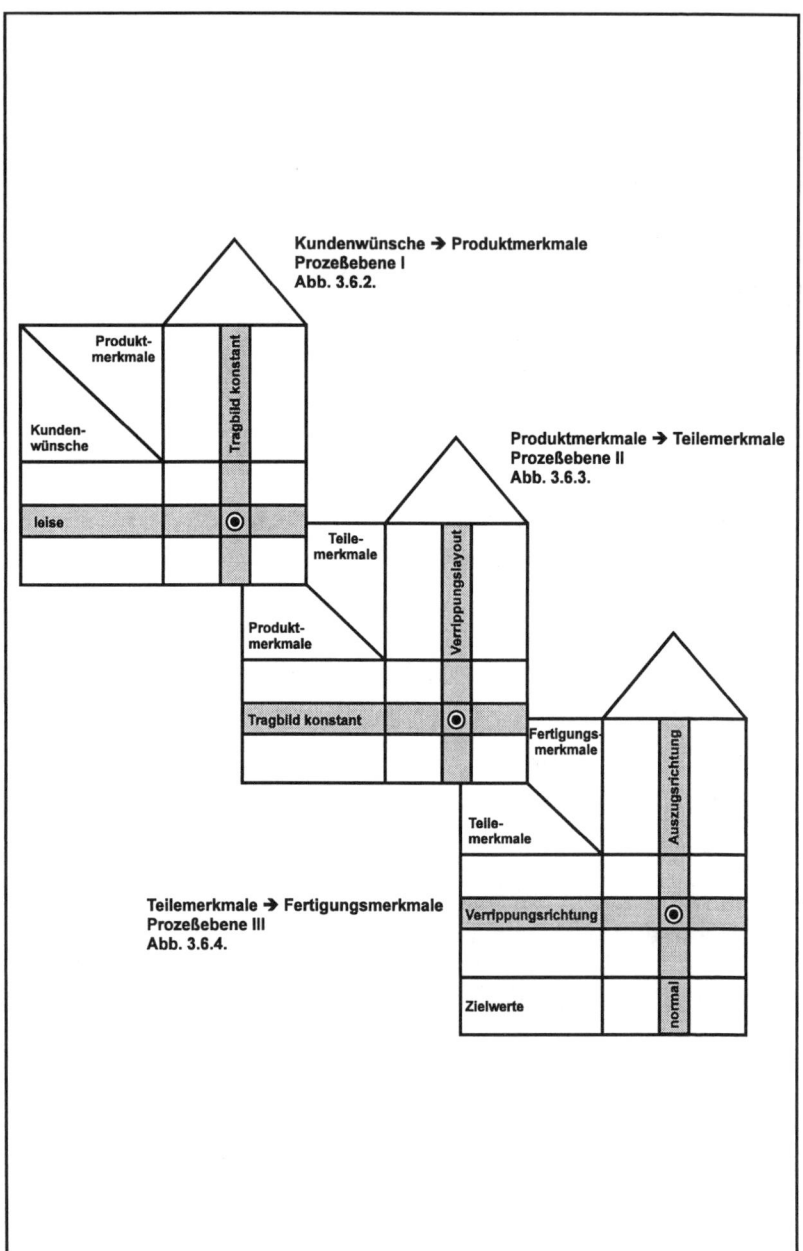

Abb. 3.6.1. *Weiterführung einer QFD-Studie auf unterschiedliche Prozeßebenen*

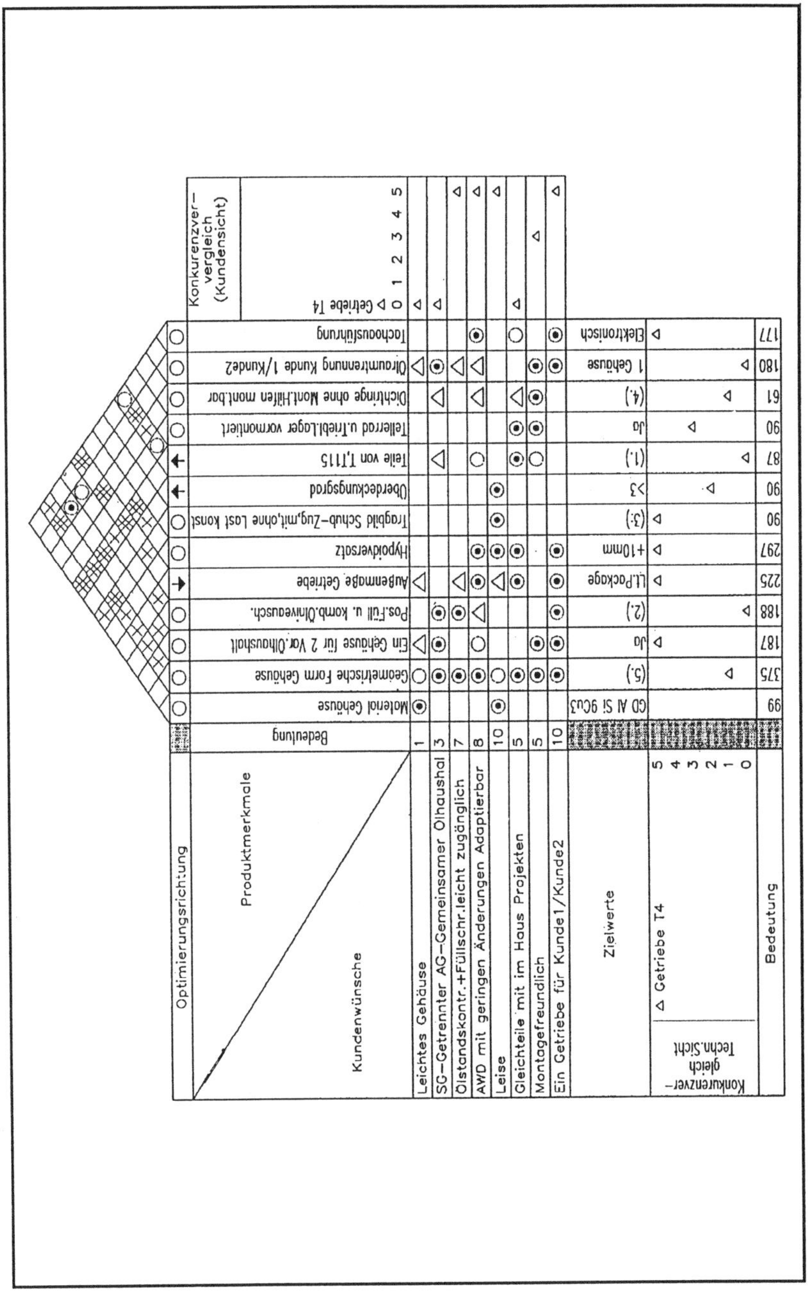

Abb. 3.6.2. QFD-Studie auf Prozeßebene I

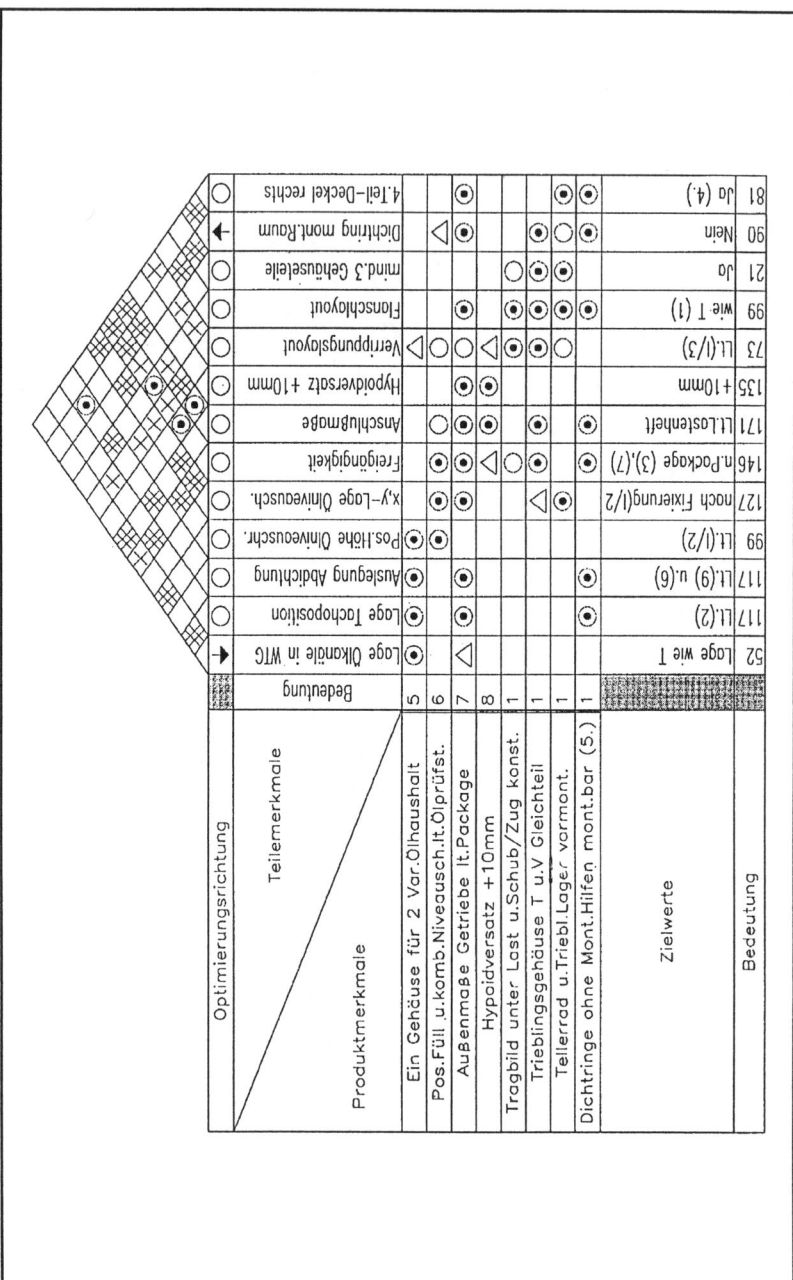

Abb. 3.6.3. QFD-Studie auf Prozeßebene II

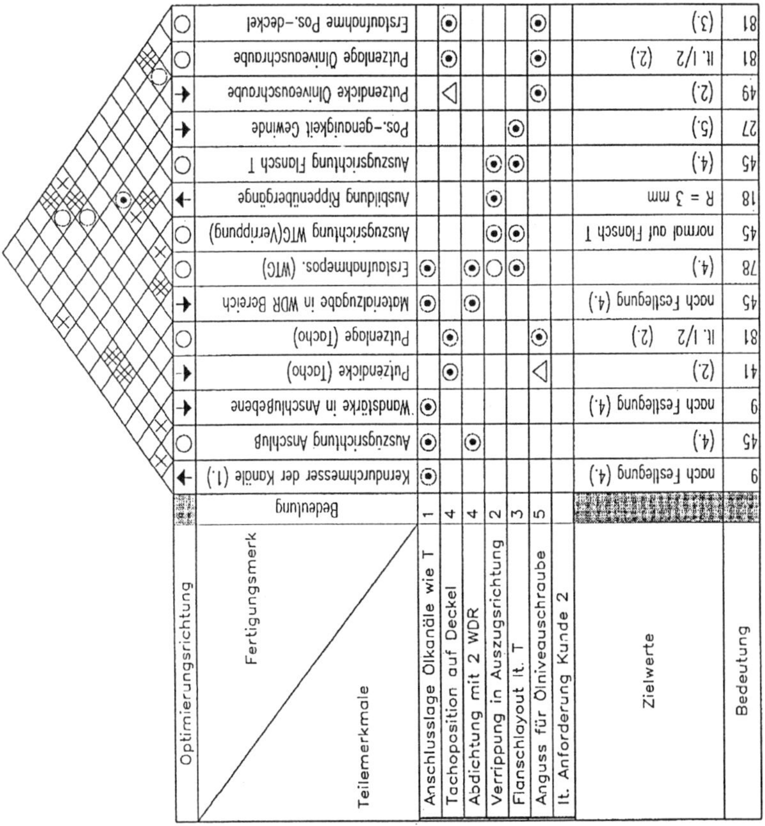

Abb. 3.6.4. QFD-Studie auf Prozeßebene III

wird, d.h. Kundenwünsche sind bis in den Einzelschritt rückverfolgbar.

Folgen von Änderungen werden transparent dargestellt.

Auf der anderen Seite wird auch klar, daß *eine* Änderung eines Produktmerkmals (1. Ebene) gravierende Folgen auf *sehr viele* Fertigungsmerkmale der 3. Ebene verursacht (Abb. 3.6.1–3.6.4). Die möglichst fehlerfreie Abarbeitung der frühen Konzeptphase wir damit noch einmal hervorgehoben und stellt auch klar, daß weitere Maßnahmen zu dessen Optimierung unbedingt notwendig sind, wobei Optimierungen nur funktionieren können, wenn der größtmögliche Regelkreis Kunde — Lieferant (Abb. 3.7), aber auch alle Regelkreise innerbetrieblich aufgebaut sind.

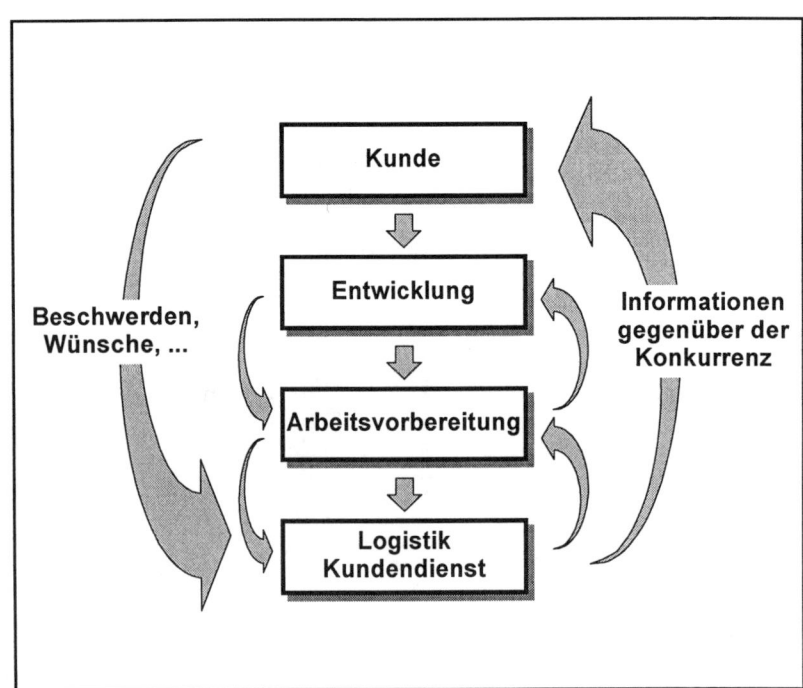

Abb. 3.7. *Regelkreis Kunde — Lieferant.*

Unter Regelkreis versteht man in diesem Zusammenhang, daß Änderungen in einem Fachbereich nur durch Analyse aller möglichen Auswirkungen auf vorgelagerte und nachfolgende Fachbereiche und anschließender Konsensfindung durchgeführt werden können.

Jede Fachbereichsarbeit steht in Abhängigkeit zu den Inhalten aller anderen Fachbereiche.

3.3. Fehlermöglichkeits- und Einflußanalyse (FMEA)

Während mit Hilfe von QFD-Studien das Produkt und Produktionskonzept festgelegt wird, dienen FMEAs der systematischen Risikoabschätzung von Konzept, Konstruktion und Prozeß. Im Mittelpunkt dieser Analysen steht wiederum der externe und interne Kunde.

FMEAs vermindern das Risiko für den Kunden.

Entwickelt wurden FMEAs im militärischen Bereich, wo die Frage interessierte, was bei Treffern an neuralgischen Punkten passiert. In der Zwischenzeit sind FMEAs in vielen Branchen, wie im Automobilbau, Stand der Technik und werden bei Neuentwicklungen als integraler Bestandteil des Arbeitsvolumens gesehen.

Bei Produkthaftungsklagen sind durchgeführte FMEAs für den Angeklagten entlastend, nicht durchgeführte FMEAs belastend.

3.3.1. Ablauf einer FMEA, dargestellt anhand eines Praxisbeispiels

Vorarbeit einer FMEA ist die Funktionsanalyse.

Als Vorarbeit für eine FMEA muß eine Funktionsanalyse durchgeführt werden, um einerseits ein möglichst effizientes Vorgehen zu gewährleisten und andererseits sicherzustellen, daß keine wichtigen Einflußfaktoren unberücksichtigt bleiben. Die Themenauswahl für eine FMEA setzt sich aus dem Output von QFD-Studien und dem Ergebnis der Funktionsanalyse zusammen. Die Funktionsanalyse selbst wird am einfachsten mit Hilfe eines Ursache-Wirkungs-Diagramms dargestellt (Abb. 3.8, Abb. 3.9).

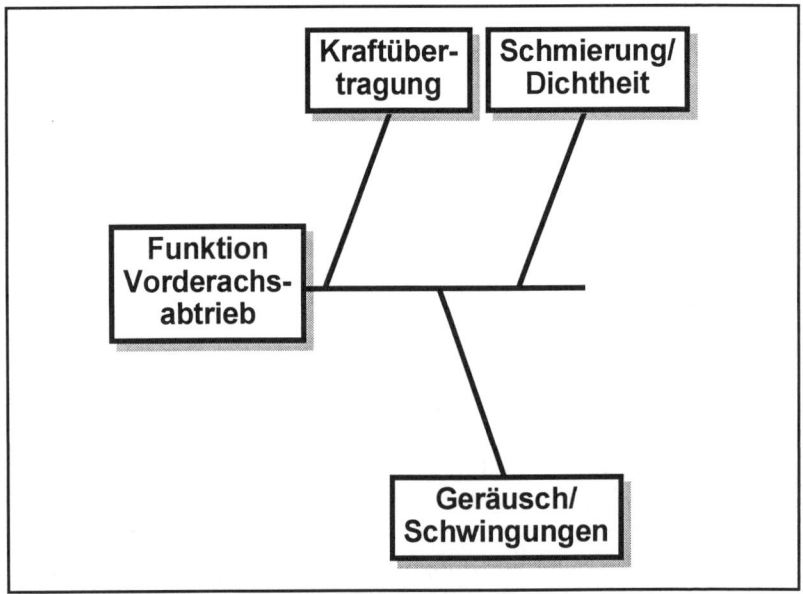

Abb. 3.8. Funktionsanalyse Vorderachsabtrieb (grob)

Die Ursachen der Funktionsanalyse, wie „Verlust der Lagervorspannung", werden zu den potentiellen Fehlern der FMEA (Abb. 3.10). Die

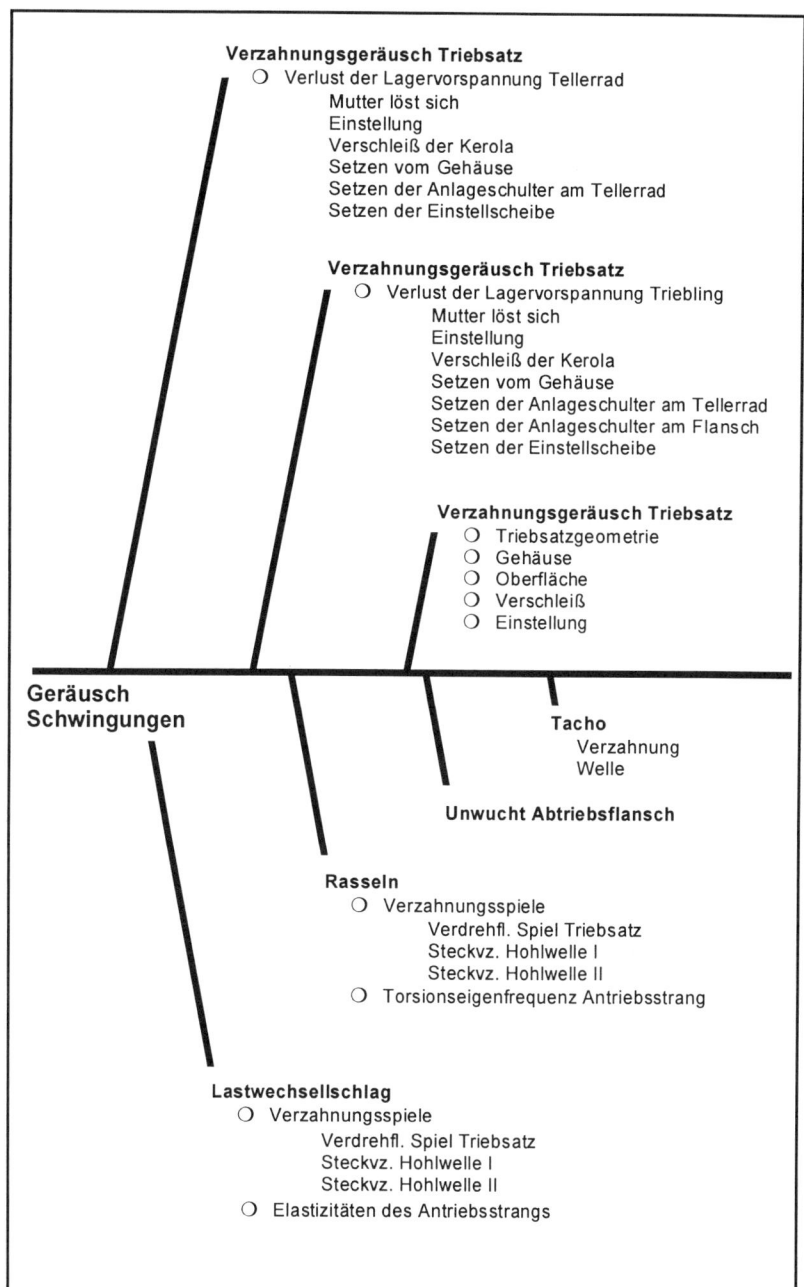

Abb. 3.9. *Funktionsanalyse Vorderachsgetriebe (Detail, Geräusch)*

Detaillierung der Ursache, „Setzen des Gehäuses", wird zur potentiellen Fehlerursache in der FMEA.

Pot. Fehler Pot. Fehlerursache	RPZ am Beginn	(A/B/E) verbesserter Zustand	getroffene Maßnahme	empfohlene Abstellmaßnahme
5 — Verlust der Lagervorspannung Setzen des Gehäuses axial und radial) beim Tellerrad	XXXXXX 144 (9/8/2)			Zentrierung am Deckel und am Trieblingsgehäuse abstimmen
				Polardiagramm des Deckels mit/ohne eingepreßtem Lagerring aufnehmen
				Stützrippe im Gehäuse einbringen
13 — Verzahn.-Geräusch Triebsatz Geometrie unzureichend (Triebsatz läuft auf Schubflanke)	XXXXXX 128 (8/8/2)			Optimieren nach NVH-Untersuchung
14 — Verzahn.-Geräusch Triebsatz Verschleiß	XXXXXX 128 (8/8/2)			P-FMEA beim Hersteller
				Optimieren nach Versuchserkenntnissen
15 — Verzahn.-Geräusch Triebsatz Gehäusetoleranzen unzureichend	XXXXXX 128 (8/8/2)			Optimieren nach Versuchserkenntnissen
17 — Verzahn.-Geräusch Triebsatz Oberflächenzustand (nicht beschichtet)	XXXXXX 128 (8/8/2)			Beschichtung einbringen, falls erforderlich

Abb. 3.10. *FMEA Vorderachsgetriebe*

Prinzipiell ist eine FMEA so aufgebaut, daß zu einem potentiellen Fehler alle Fehlerursachen aufgelistet werden. Die Fragestellung hierzu lautet: Was verursacht ein „Verzahnungsgeräusch des Triebsatzes"?

Antwort: „Geometrie unzureichend", „Verschleiß", „Gehäusetoleranzen unzureichend", ...

Im Anschluß daran wird für jede potentielle Fehlerursache eine Risiko-Prioritätszahl (RPZ) gebildet. Sie setzt sich multiplikativ zusammen aus ...

    A   Wahrscheinlichkeit des Auftretens,
    B   Bedeutung des Fehlers für den Kunden (intern und extern),
    E   Wahrscheinlichkeit der Entdeckung vor Auslieferung an den Kunden.

Die Punktevergabe für A, B und E erfolgt subjektiv durch das FMEA-Team mit

A: 1 = unwahrscheinlich
        bis   10 = sicher
B: 1 = unbedeutend
        bis   10 = sicherheitskritisch
E: 1 = sicher
        bis   10 = nicht möglich.

Übersteigt eine RPZ einen vorher definierten Wert, so werden Abstellmaßnahmen vom FMEA-Team festgelegt und in einer Folgeanalyse neu bewertet.

Abstellmaßnahmen sollten primär die Auftretenswahrscheinlichkeit für eine potentielle Fehlerursache verringern, was impliziert, daß Abstellmaßnahmen Systemkorrekturen verursachen. Diese sind wiederum nur in einer frühen Projektphase möglich, d.h. FMEAs müssen möglichst früh eingesetzt werden, um einen maximalen Wirkungsgrad zu erreichen.

Abstellmaßnahmen sollten primär der Fehlervermeidung dienen.

Andere Abstellmaßnahmen, die Verringerung der Bedeutung eines Fehlers oder Entdeckung vor Auslieferung an den Kunden, verursachen in den meisten Fällen einen nicht unerheblichen Mehraufwand, der zwangsweise zu einer Verteuerung des Produktes führt.

3.3.2. FMEA in verschiedenen Prozeßebenen

FMEAs orientieren sich thematisch an den Entwicklungsphasen.

Verfolgt man auch hier das Konzept der brainwaremäßigen Produktentwicklung bis zu den Herstellschritten, so wird klar, daß eine Aufgliederung der FMEA-Themen prozeßbezogen durchgeführt werden muß:

Konzept-FMEA — Produkt-FMEA — Fertigungs-FMEA — Logistik-FMEA usw.

Im Falle von FMEAs bedeutet dies jedoch *nicht* eine strenge thematische Trennung, da verschiedene Produktmerkmale unter dem Aspekt der Herstellbarkeit betrachtet werden müssen und umgekehrt. FMEAs müssen im Gegenteil gezielt dafür genutzt werden, mögliche interdisziplinäre Schnittstellen zu umgehen. Neben der prozeßorientierten Aufsplittung erfolgt ebenfalls, wie in Abbildung 3.8 angedeutet, auch eine Aufteilung in verschiedene Produktfunktionen. Um den Aufwand der FMEAs möglichst gering zu halten, werden Standardbaugruppen, je nach Teamvereinbarung, aus den Analysebetrachtungen ausgeklammert.

Als Resümee kann auch hier genannt werden, daß nur ein möglichst früher und interdisziplinärer Einsatz wirkliche Vorteile bringt. Daß weiterhin Probleme auftreten werden, ist klar, da FMEAs als eine Methode der Risikominimierung zu sehen sind.

3.4. Design Reviews (DR) und Freigabestufen

Jedes Projekt nähert sich Schritt für Schritt einer laufenden Serienfertigung, d.h. ausgehend von der Produktidee wird diese hardwaremäßig realisiert. Global kann der Prozeß wie folgt unterteilt werden:

Trotz parallelisierter Bearbeitung ist der Ablauf in Phasen unterteilt.

- Brainware (Konzept)
- Software Produkt (Zeichnungen, Berechnungen)
- Software Prozeß (Fertigungsplanung)
- Hardware Produkt (Prototypen)
- Hardware Prozeß (Fertigungseinrichtungen)
- Hardware Rohmaterialien (Betriebsmittel, Einkaufsteile)
- Serienprodukt

Jede Folgestufe erhöht das unternehmerische Risiko, da die Investitionen von Stufe zu Stufe progressiv steigen, jede Folgestufe auf des Ergebnis der vorhergehenden Stufe aufbaut und damit von der Qualität und Richtigkeit dieser abhängt.

Jede Folgestufe erfordert ein höheres Maß an Investitionen als die vorhergehende Stufe.

Es ist daher angezeigt, an diesen neuralgischen Projektpunkten zu entscheiden, das Projekt laut Terminplan weiterzuführen, eine Iterationsschleife zur Ergebnisverbesserung der vorhergehenden Stufe einzulegen oder gegebenenfalls das Projekt sogar zu stoppen.

3.4.1. Freigabestufen

Neuralgische Projektpunkte werden nach Freigabestufen benannt und sind wie folgt definiert:

Softwarephase

Projektanstoß (PA)	→ Projekt wird in die Organisation eingelastet
Lastenheft (LH)	→ Konzeptüberlegungen bis in den einzelnen Herstellschritt abgeschlossen
Konstruktionsfreigabe (K)	→ Konstruktion bis Detail abgeschlossen
Planungsfreigabe (P)	→ Fertigungsplanung bis zu einzelnen Prozeßschritten abgeschlossen

Hardwarephase

Versuchsfreigabe (V)	→ Prototypenbau und Erprobung 1. Generation zu 75% abgeschlossen
Beschaffungsfreigabe (B)	→ Sourcing für Fertigungseinrichtungen abgeschlossen — Start Einkauf Fertigungsmittel
Dispositionsfreigabe (D)	→ Programmplanung für Serienstart abgeschlossen — Start Purchasing
Serienfreigabe (SF)	→ Entwicklung abgeschlossen — Start Serienfertigung

Freigabestufen müssen in den Terminplänen integriert und mit den jeweiligen Aktivitäten per definitionem korreliert sein. Die Freigabe an sich muß einen formalen Ablauf haben, mit der Entscheidung, weitere Investitionen zu tätigen oder nicht. Zur Unterstützung, eine Freigabeentscheidung herbeizuführen, werden Design Reviews durchgeführt.

Freigabestufen sind Entscheidungspunkte für weitere Aufwendungen.

3.4.2. Design Review (DR), Freigabe Prozeß

Design Reviews dienen dazu, einen systematischen Vergleich durchzuführen, ob vorher definierte Ziele erreicht wurden oder nicht, wobei interne und extern Kundenwünsche wiederum das zentrale Thema sind. Dieser Vergleich bildet sodann die Entscheidungsgrundlage für eine Freigabe.

Design Reviews vergleichen Kundenwünsche mit bisher erreichten Projektergebnissen.

In Design Reviews müssen folgende Teilegruppen und Ereignisse betrachtet werden:

○ sicherheitskritische Bauteile, Baugruppen und Produktfunktionen,

○ kritische Bauteile, Baugruppen und Produktfunktionen laut FMEA,

○ bedeutende Bauteile, Baugruppen und Produktfunktionen laut QFD,

○ Bauteile, Baugruppen und Produktfunktionen, die in der Vergangenheit und bei ähnlichen Projekten Probleme bereitet haben und unter Umständen auch im laufenden Projekt Schwierigkeiten hervorrufen.

Je nach Projektstatus sind die oben angeführten Gruppen entweder nach Kundenwunscherreichung, Funktion, Dauerhaltbarkeit, Herstellbarkeit usw. in bezug auf die vorhergehenden Zielvorgaben zu hinterfragen, d.h. die Fragestellung ändert sich je nach Projektfortschritt.

Neben der gezielten Hinterfragung von Qualität und Performance werden an den Design Review-Punkten zusätzlich aktuelle ...

○ Termine,

○ Kosten (Investitionen und Produktkosten) und

○ Aktivitäten laut FMEA-Ergebnissen und QFD-Studien

mit den Zielvorgaben verglichen.

Design Reviews sind in informelle und formale Reviews unterteilt.

Design Reviews werden in mehreren Schritten durchgeführt und können zusätzlich baugruppen- bzw. funktionsgruppenspezifisch unterteilt sein, um zu gewährleisten, daß bei der Nichterreichung von Zielen Iterationen möglich sind, ohne den Projektgesamtablauf zu gefährden.

1.) Informelle Reviews werden vor den formalen Reviews durchgeführt. Zweck der informellen Reviews ist es, Bauteile, Baugruppen und Funktionen zu selektierend, von denen man annimmt, daß sie die definierten Ziele nicht erreichen werden. Auf Basis dieser Auswahl werden die Entscheidungen, Fragelisten und bisherigen Ergebnisse für das formale Review vorbereitet (kritische Pfade dafür siehe oben).

2.) Formale Reviews werden zeitlich so gesetzt, daß beim Punkt Design Review laut Terminplan das Design Review für alle Inhalte beendet ist. Basis der Agenda für das formale Review ist das informelle Review.

Der Projektgesamtverantwortliche leitet die formalen Reviews laut Terminplan. Die letztendliche Themenwahl obliegt seiner Entscheidung. Er sollte sich jedoch auf jeden Fall an die Ergebnisse von informellen Reviews anlehnen und gegebenenfalls aufgrund seiner Erfahrung weitere projektkritische Themen in die Agenda aufnehmen.

Der Projektverantwortliche organisiert und leitet die Design Reviews.

Er zeichnet gemeinsam mit dem Projektteam für die Zielerreichung in bezug auf Funktion, Qualität, Zuverlässigkeit, Termine und Kosten verantwortlich und erteilt für diese Kriterien die Freigaben.

Richtig aufgebaute Design Reviews dokumentieren den Projektfortschritt und dienen als Unterlage, der Unternehmensführung den Projektstatus zu dokumentieren.

Design Reviews dokumentieren den Projektfortschritt.

3.5. Wertanalyse (WA) und statistische Versuchsplanung (DOE)

Während die bisher besprochenen Aktivitäten ein integraler Bestandteil der Projektarbeit sein müssen, da sie

- eine ausgeprägte Konzeptphase mit Blickpunkt Kunde und
- eine Risikoreduzierung des Gesamtprojektes

ermöglichen, werden WA und DOE je nach Projektbedürfnis eingesetzt. Es ist aber auch hier zu beachten, daß ein maximaler Wirkungsgrad nur durch den frühen Einsatz erreicht werden kann.

3.5.1. Wertanalyse (WA)

Techniken der WA sind nicht explizit im Terminplan angeführt, da ...

QFD kann Wertanalysen ersetzen.

1.) QFD diese Techniken weitgehend ersetzen kann, denn QFD-Studien können bis zu den Funktions- ,Teile- und Fertigungskosten (was kostet dem Kunden eine spezielle Funktion?) aufgelöst werden,

2.) der Projektaufbau so geplant sein muß, daß alle Folgeabteilungen maximale konzeptionelle Freiheiten besitzen und auch zu nutzen verstehen und

3.) das Entwicklungsteam aus den oben erwähnten Aktivitäten und eingesetzten Techniken kompetent ableiten kann, wann und an welcher Stelle eine WA einzusetzen ist.

Zudem sind Wertanalyseeinsätze in der konventionellen Anwendung in Form von DIN-Normen hinreichend beschrieben. Interessant in diesem Zusammenhang ist jedoch, daß WAs sowohl in vorbereitenden als auch durchführenden Abläufen starke Parallelen zu FMEAs aufweisen. F.J. BRUNNER schlägt aus diesem Grunde vor, FMEA und WA zu kombinieren (Abb. 3.11).

potentielle Fehlerursachen	Auftreten	Bedeutung	Entdeckung	Kosten	Risikoprioritätszahl		Verantwortlichkeit, Termine
	A	B	E	K	RPZ=AxBxExK	Kosten	
	1–10	1–10	1–10	1–10			

Abb. 3.11. Kombinierte FMEA — WA

Bei diesem Vorschlag wird die Risiko-Prioritätszahl einer FMEA um die entstehenden Kosten beim Auftreten einer Fehlerursache und die vorgeschlagenen Verbesserungsmaßnahmen um die Verbesserungskosten (oder Einsparungen) ergänzt.

Vorteil bei dieser Vorgehensweise ist, daß redundante Tätigkeiten vermieden und ganzheitliche Problembetrachtungsweisen aufgebaut werden.

Eine andere Form von Wertanalyse wird bei der DFMA-Technik, was für **D**esign **f**or **M**anufacturing and **A**ssembling steht und von G. BOOTHROYD und P. DEWHURST entwickelt wurde, angewendet. Jeder Teil wird auf drei Fragestellungen hin untersucht:

DFMA ist eine modernisierte Form der Wertanalyse.

○ Bewegt sich der Teil relativ zu anderen Teilen?

○ Muß ein unterschiedlicher Werkstoff für diesen Teil verwendet werden?

○ Muß es ein eigenständiger Teil sein oder ist es möglich, diesen Teil in andere Teile zu integrieren, ohne an Funktionalität zu verlieren?

Falls es möglich ist, diesen Teil zu ersetzen, wird alles unternommen, um ihn durch eine Design-Änderung zu eliminieren.

Anwender sind u.a. Black & Decker, Delco, Digital, Ford, GM, IBM, NCR usw.

Laut HARTLEY und MORTIMER (1991) gelingt es Ford, mit dieser Methode die Teile-Umfänge um bis zu 33% zu reduzieren.

3.5.2. Statistische Versuchsplanung (DOE)

DOE muß als Optimierungs- und nicht als Problemlösungstechnik eingesetzt werden.

Die Einsatzsteuerung von DOE erfolgt idealerweise durch QFD-Studien, nämlich dann, wenn ein technisches Merkmal eine hohe Bedeutung aufweist, der Konkurrent in bezug auf dieses Merkmal Bestnoten erreicht und das eigene Produkt als maximal äquivalent zur Konkurrenz gesehen wird. Man erreicht dadurch einen sehr frühen Einsatz von Optimierungstechniken, mit allen Vorteilen großer konzeptioneller Freiheiten. Wird DOE nicht bewußt gesteuert, so werden sie meist zu Problemlösungstechniken degradiert.

Beispiel Steyr-Daimler-Puch Graz: Bei der Geräuschoptimierung einer Serienhinterachse war es nur möglich, Einstellparameter wie Lager und Flankenspiel zu variieren, mit dem Ergebnis, Verbesserungen von 5–8% gegenüber dem Ursprungszustand zu erreichen. Als zwei Jahre später diese Hinterachse neu entwickelt

Analyse- und Optimierungstechniken zu sehen sind. TAGUCHI kann je nach Anwendungsart als Analyse- und Optimierungstechnik, aber auch als aktives Produktentwicklungstool bezeichnet werden.

Robuste Produkte und Prozesse werden mit Taguchi-Techniken aktiv entwickelt.

Beispiel: Unter dem Begriff „robustes Design" versteht man eine Prozeßeinstellung, die unempfindlich gegenüber Umgebungsschwankungen, wie inhomogenes Rohmaterial, ist. Dies wird mit Hilfe spezieller Versuchsanordnungen nach TAGUCHI aktiv entwickelt, wobei gegenüber konventionellen Ansätzen die Störungen bewußt die Versuchsergebnisse überlagern.

Probabilistische Versuchstechniken: Probabilistische Techniken ahmen den Vererbungs- und Selektionsmechanismus der Natur nach und besitzen daher keinen vorgegebenen Aufbau, sondern Vorgehensregeln. Unkonventionelle Produktlösungen, wie von INGO RECHENBERG in „Evolutionsstrategie" beschrieben, sind möglich (Abb. 3.13).

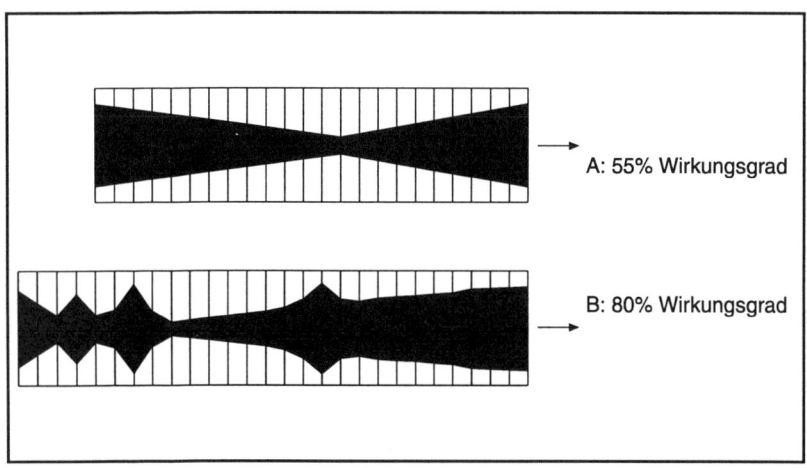

Abb. 3.13. *Zweiphasendüse vor (A) und nach (B) Optimierung*

wurde, bestanden Variationsmöglichkeiten konstruktiver Art, wie verschiedene Übersetzungsverhältnisse oder Zahnformen, mit dem Resultat, gegenüber der bisherigen Serienlösung eine Verbesserung von 210% zu erreichen (Abb. 3.12).

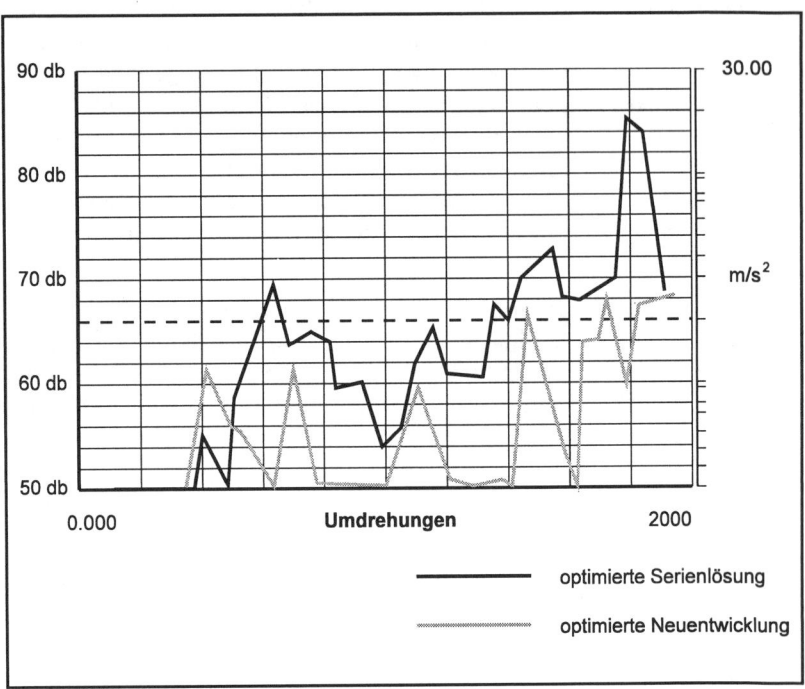

Abb. 3.12. *Laufgeräuschverhalten Serienversion/Neuentwicklung*

Versuchstechniken können in zwei große Teilgebiete aufgegliedert werden:

Deterministische Versuchstechniken: Dies sind Techniken mit einem kombinatorisch vorgegebenen Aufbau. Zu ihnen zählen SHAININ, TAGUCHI und Factorial Designs. Je nach Problemstellung kommt eine dieser Techniken zur Anwendung, wobei SHAININ als Problemlösungstechniken und Factorial Designs als

Der größte Vorteil dieser Optimierungstechniken liegt darin, daß sie voll computerunterstützt eingesetzt werden können, womit der Aufbau von Expertenwissen im eigenen Unternehmen entfällt.

Mit probabilistischen Techniken werden absolute Optima erreicht.

Welche Versuchstechnik angewendet wird, hängt von der jeweiligen Problemstellung ab. In der Praxis hat sich bewährt, sowohl die Auswahl der jeweiligen Versuchstechnik, aber auch den Optimierungsablauf selbst zu systematisieren (Abb. 3.14).

Etwa 80% der Versuchsplanungsarbeit entfällt auf eine exakte Problemdefinition und Problemanalyse, die immer in Gruppenarbeit durchgeführt werden muß. Nicht vollständig und richtig durchgeführte Problemanalysen würden in den meisten Fällen zu einem Fehlschlag der gesamten Optimierungsarbeit führen. Um so mehr ist es daher von Bedeutung, möglichst systematisch vorzugehen.

Problemdefinition

Der erste Schritt einer Parameteroptimierung besteht darin, das Optimierungskriterium, soweit dies möglich ist, mit Hilfe einer meßbaren Größe zu definieren. Ist dies nicht möglich, so wird empfohlen, das Problem punktual von null bis zehn zu bewerten, wobei versucht werden sollte, das Problem auf jeden Fall meßbar darzustellen, da man ansonst unter Umständen einen großen Aufwand mit Wechselwirkungseffekten treiben müßte. Das Optimierungskriterium kann einerseits direkt definiert werden, andererseits können kritische Kundenwünsche mit Hilfe von QFD in eine technische Sprache transformiert werden.

Die wichtigsten Phasen der Versuchsplanungsarbeit sind Problemdefinition und Analyse.

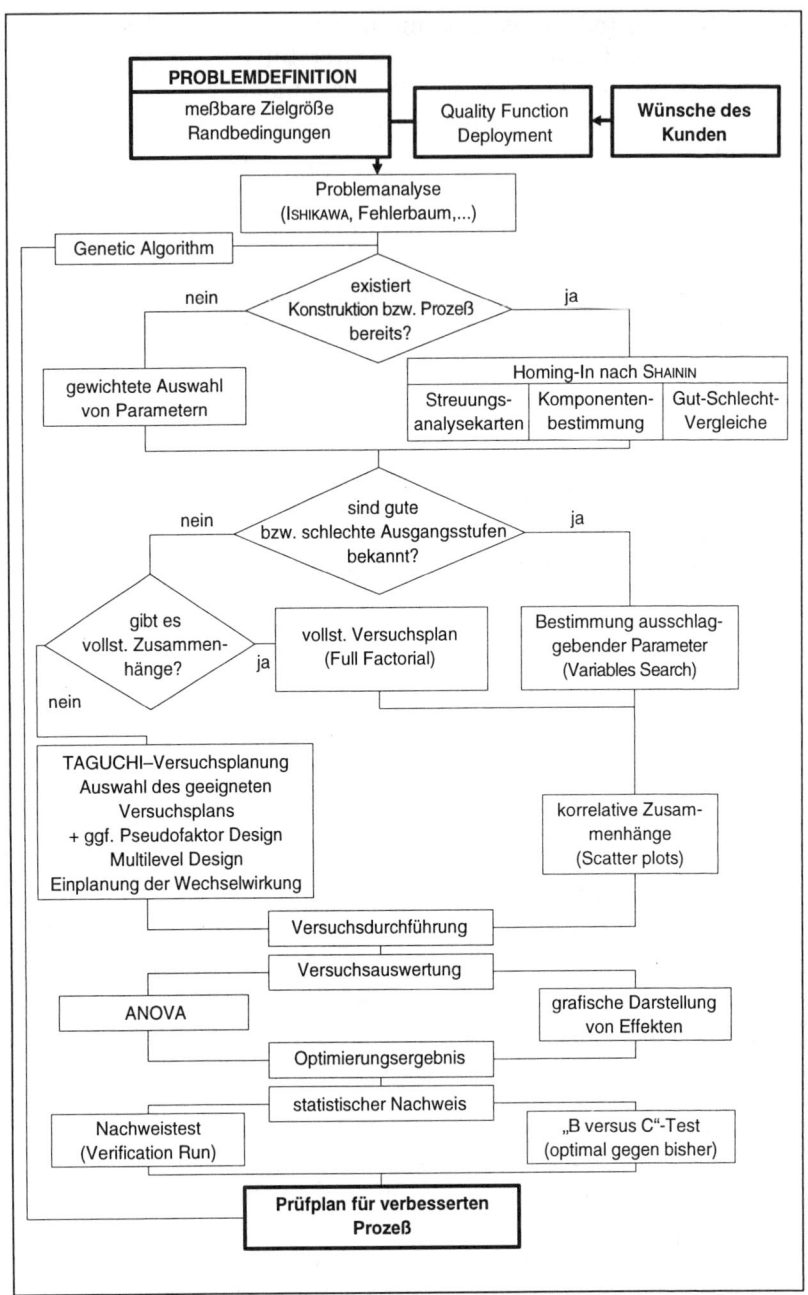

Abb. 3.14. *Ablauf Parameteroptimierungen*

Weiters muß im ersten Schritt festgelegt werden, welche Grenzen gewisse Parameter nicht überschreiten dürfen, d.h. die Randbedingungen müssen festgelegt werden. So gibt es z.B. Problemstellungen, bei denen Einbaumaße eingehalten werden müssen, obwohl gerade die Vergrößerung dieser Maße zu einem Optimum führen würden. Auf der anderen Seite hängt es vom Projektstatus ab, welche Produkt-/Prozeßmerkmale überhaupt noch verändert werden können. So ist es zum Beispiel bei vielen Produktionsexperimenten nicht möglich, Merkmale des Produkts zu ändern, da damit Zuverlässigkeitskennwerte verändert werden.

Randbedingungen sind vom Projektfortschritt abhängig.

Problemanalyse

Im zweiten Schritt, der Problemanalyse, versucht man alle für ein Problem maßgeblichen Parameter zu finden. Bereits in diesem Schritt ist es notwendig, sich einer strengen Systematik zu bedienen, da ansonsten Parameter unbeachtet bleiben könnten. Die Nichtbeachtung eines wichtigen Parameters kann dazu führen, daß kein Optimum gefunden wird. Dieser Schritt ist somit entscheidend für das Gelingen der Parameteroptimierung und kann als Schlüsselaktivität der gesamten Versuchsplanung gesehen werden.

Die Systematisierung der Problemanalyse wird meistens mit Hilfe von Ursache-Wirkungs-Diagrammen (Ursache → Parameter, Wirkung → Problemdefinition) oder Fehlerbaumanalysen in Teamarbeit vorgenommen, wobei das Team interdisziplinär zusammengesetzt sein muß und in bezug auf das Problem den fachlich kompetenten Input beiträgt. Die Moderation dieses Brainstormings wird idealerweise vom Versuchsplaner selbst durchgeführt.

Instrumente der Problemanalyse sind z.B. Ursache-Wirkungs-Diagramme.

Parameterreduzierung (Homing-In)

Homing-In-Techniken dienen der Vorselektion von Parametern.

Die bei der Problemanalyse gewonnenen, meist sehr umfangreichen Datenmengen müssen im nächsten Schritt auf sinnvolle Art und Weise mit Hilfe sogenannter Homing-In-Techniken reduziert werden. Die Auswahl der entsprechenden Homing-In-Technik hängt von verschiedenen Gegebenheiten ab.

Man kann sich die Versuchsplanungsaktivitäten als eine Trichterfunktion vorstellen. Bei der Problemanalyse wird der Trichter mit zum Beispiel 30 Parametern gefüllt, nach Abschluß aller Aktivitäten liegen die vier wichtigsten Einstellgrößen vor.

Homing-In-Techniken werden verwendet, um eine erste Grobselektion zu erreichen, damit der effektive Versuchsaufwand möglichst gering bleibt.

Gewichtete Auswahl von Parametern

Existiert keine Hardware, d.h. sind weder Prototypen noch Herstellungsprozesse, sondern nur theoretische Modelle vorhanden, so müssen die Parameter in interdisziplinärer Teamarbeit vorselektiert werden, wobei der Versuchsplaner wieder als Moderator fungiert. Die Bewertungskriterien werden in Abhängigkeit von der Problemstellung frei definiert. Bewertungskriterien können beispielsweise sein:

○ der theoretische Einfluß auf die Problemstellung,

○ Änderungsmöglichkeit des betrachteten Parameters,

○ Serientauglichkeit des angestrebten Einstellwertes.

Abhängig von den Meinungen der Teammitglieder werden sodann für jedes einzelne Kriterium Punkte vergeben. Die Bewertung reicht in den meisten Fällen von eins bis zehn, wobei ein Punkt für unbedeutend, zehn Punkte für äußerst bedeutend stehen. Multiplikativ zusammengefaßt ergeben sie einen Kennwert für den betrachteten Parameter. Multiplikativ darum, weil es wahrscheinlichkeitstheoretisch eine „Und-Entscheidung" ist, einen Parameter in den Versuchsplan aufzunehmen, nämlich wenn er zum Beispiel einen möglichen Einfluß hat *und* zu verändern ist *und* serientauglich ist, dann wird er untersucht. Diejenigen Parameter mit den meisten Punkten werden anschließend für die Versuchsplanung herangezogen.

Der Nachteil dieser Methode besteht darin, daß die Parameterauswahl subjektiv ist, was dazu führen kann, daß einflußreiche Parameter unberücksichtigt bleiben. Der Versuch wird in diesem Fall mißlingen, wenn der nicht zu untersuchende Parameter nicht bewußt konstant gehalten wird.

Homing-In nach SHAININ

Die oben beschriebene gewichtete Auswahl von Parametern stellt bei nicht existenter Hardware die einzige Möglichkeit einer sinnvollen Vorselektion dar. Ist jedoch die Hardware vorhanden, so ist auf jeden Fall eine der Homing-In-Techniken nach SHAININ anzuwenden, welche in manchen Fällen ohne weiteren Versuchsaufwand die Haupteinflußgrößen aufzeigt.

Homing-In nach SHAININ bedeutet Problemlösungstechnik.

Der Nachteil aller SHAININ-Techniken ist, daß Probleme bereits existent sein müssen, was nicht konform zu einer modernen Qualitätsphilosophie ist. Es sollte vielmehr versucht werden, möglichst alle Probleme im Vorfeld zu lösen.

Streuungsanalysekarten

Die richtige Auslegung von Streuungsanalysekarten ist sehr komplex.

Streuungsanalysekarten, von SHAININ auch Multi-Vari-Charts genannt, werden so ausgelegt, daß Schwankungen innerhalb einer Einheit, Schwankungen von Einheit zu Einheit beziehungsweise zeitliche Drifts erkennbar werden. Dadurch ist es möglich, gezielt große Gruppen von Parametern auszuscheiden. (Jene Gruppen, bei denen keinerlei Schwankungen auftreten, sind für die weitere Problemverfolgung nicht mehr relevant.)

Ausgelegt werden die Karten ähnlich wie Process-Monitoring-Charts. Um mit Streuungsanalysekarten sinnvoll arbeiten zu können, müssen jedoch mindestens 50 Messungen verfügbar sein, d.h. sie sind hauptsächlich für Probleme der laufenden Serie geeignet.

Wie bei K.R. BHOTE (1988) ausführlich beschrieben, erscheint die Handhabung dieser Karten einfach, was jedoch nicht in jedem Fall zutreffend ist. Vielmehr treten die obengenannten Schwankungen meist nicht isoliert, sondern in Mischformen auf. Um daraus Ergebnisse abzuleiten, benötigt man viel Erfahrung.

Komponentenbestimmung

Komponentenbestimmungsversuche werden z.B. zur Lokalisation von Geräuschquellen durchgeführt.

Die Komponentenbestimmung, auch Components-Search genannt, ist dann anwendbar, wenn mindestens zwei zerlegbare Einheiten vorhanden sind, von denen eine Einheit das Charakteristikum „gut", die andere das Charakteristikum „schlecht" besitzen muß. Von diesen beiden Einheiten werden wechselweise Teilkomponenten umgebaut, bis sich die Eigenschaften der Einheiten umkehren, d.h. aus gut wird schlecht und aus schlecht wird gut. Wechselwirkungen sind bei dieser Technik direkt erkennbar, was als enormer Vorteil gesehen werden kann. Nachteilig wirkt sich hier gegebenenfalls ein hoher Umbauaufwand aus.

Was oft übersehen wird ist, daß man im Vorfeld klären muß, ob wirklich eine Teilkomponente die Problemursache ist oder ob ein Montageproblem vorliegt.

Die Auswertung der Ergebnisse erfolgt grafisch und ist damit sehr einfach und übersichtlicht.

Gut-Schlecht-Vergleiche

Die dritte Homing-In-Technik, die SHAININ vorschlägt, sind die sogenannten Gut-Schlecht-Vergleiche, auch Paired Comparisons. Diese Technik wird angewandt, wenn mindestens zehn gute und zehn schlechte Einheiten, die man nicht weiter zerlegen kann, vorhanden sind.

Bei dieser Technik versucht man rein meßtechnisch, den Unterschied zwischen der guten und der schlechten Einheit zu erfassen, ungeachtet der technischen Spezifikationen für die Teile, denn auch wenn Toleranzen nicht eingehalten werden, so bedeutet dies noch keineswegs, daß die Einheit aus diesem Grunde schlecht sein muß.

Der Meßaufwand ist teilweise überproportional hoch.

Der große Nachteil der Gut-Schlecht-Vergleichstechnik besteht darin, daß man a priori bestimmen muß, was man messen will. Diese Voraussetzung ist in vielen Fällen nicht gegeben, bzw. wird der Meßaufwand so groß, daß andere Techniken schneller zum gewünschten Ziel führen.

Versuchsplanung

DOE-Techniken sind ineffizient ab einer gewissen Anzahl zu untersuchender Parameter.

Ist es gelungen, mit Hilfe einer Homing-In-Technik die Anzahl der Parameter auf eine maximale Größenordnung von zirka zwanzig zu reduzieren, so kann man zur eigentlichen Versuchsplanung übergehen. Ziel der Versuchsplanung ist es, signifikante Einflußgrößen von nicht signifikanten zu trennen und die signifikanten Parameter auf einen Optimalwert einzustellen. Welche der möglichen Techniken man anwenden muß, hängt davon ab, wie fortgeschritten die jeweiligen Vorkenntnisse sind, d.h. daß man beispielsweise weiß, ob eine Schnittgeschwindigkeit von 130 m/min bessere Resultate liefert als eine Schnittgeschwindigkeit von 80 m/min. Umgekehrt proportional zum Umfang der Vorkenntnisse ändert sich natürlich auch der Versuchsaufwand.

Bestimmung ausschlaggebender Parameter

Variables Search läßt Wechselwirkungen erkennen, ohne diese einplanen zu müssen.

Bei entsprechender Vorkenntnis sowie der Selektion von nur zwei Ausgangsstufen für die Parameter kann mit der Bestimmung der ausschlaggebenden Parameter (nach SHAININ: Variables Search) exakt festgelegt werden, welche Parameter für das Gesamtergebnis signifikant sind. Da die Variables-Search-Methode denselben Aufbau besitzt wie die Komponentenbestimmungstechnik (die Komponenten entsprechen den Parametern), sind auch hier Wechselwirkungen direkt erkennbar.

Voraussetzung für die Anwendung dieser Technik ist, daß bekannt sein muß, wie die Parameter eingestellt werden müssen, um bessere Ergebnisse zu erzielen. Dies bedeutet aber, daß diese Technik *nicht* für Optimierungsaufgaben, sondern zur Bestimmung einflußreicher Größen gedacht ist.

Als Nachteil kann gesehen werden, daß ein Parameter nur zwei Ausgangsstufen besitzen darf, was vor allem bei Grundsatzuntersuchungen oft sehr hinderlich ist. Zudem müssen die signifikanten Parameter anschließend mit Hilfe korrelativer Zusammenhänge auf ein Optimum eingestellt werden, wodurch der Versuchsaufwand steigt.

Full-Factorial-Experimente

Besitzt man über die zu optimierenden Produkte beziehungsweise Prozesse keinerlei Vorkenntnisse, d.h. sind weder gute noch schlechte Ausgangsstufen der Parameter bekannt, und ist man sich über die gegenseitige Abhängigkeit der Parameter absolut im Unklaren, so muß man Full-Factorial-Experimente durchführen. Diese geben alle möglichen Zusammenhänge wieder, sind aber auf maximal vier bis fünf zu untersuchende Parameter mit nur zwei Ausgangsstufen beschränkt, da der Versuchsumfang exponentiell mit der Anzahl der Variablen ansteigt (4 Variable = 2^4, 5 Variable = 2^5 Versuche). Meist sind Wechselwirkungen höherer Ordnung jedoch ohne Einfluß auf das Gesamtergebnis und müssen aus diesem Grunde im Versuchsplan nicht berücksichtigt werden.

Full Factorials sind sehr aufwandsintensiv.

Der größte Vorteil dieser Technik besteht darin, daß sie die „sicherste" Versuchsmethode darstellt, d.h. die Ergebnisse reflektieren im Rahmen der Versuchsbedingungen das reale Zusammenspiel aller untersuchten Größen.

Bei allen anderen Techniken werden viele dieser Zusammenhänge zugunsten eines geringeren Versuchsaufwandes vernachlässigt, was bei unsachgemäßer Handhabung zu einer massiven Ergebnisverfälschung führen kann.

TAGUCHI-Versuchsaufbauten

TAGUCHI ist für maximal zwei Faktor-Wechselwirkungs-Probleme anwendbar.

Sind nicht alle möglichen Wechselwirkungen der Parameter vorhanden, sondern nur Wechselwirkungen erster Ordnung, so kann man die Orthogonaltafeltechnik nach TAGUCHI verwenden, welche sich im Extremfall als das kleinstmögliche Fractional-Factorial-Design darstellt. So können beispielsweise sieben Faktoren mit nur acht Versuchen untersucht werden.

Von entscheidender Bedeutung ist bei dieser Technik die richtige Wahl des Optimierungskriteriums. Wird dieses nach bestimmten Grundsätzen festgelegt, so ist es dadurch möglich, Ergebnisse zu erhalten, die in vielen Fällen frei von Wechselwirkungen sind.

TAGUCHI fördert eine ganzheitliche Betrachtungsweise.

Der größte Vorteil der TAGUCHI-Technik liegt aber nicht in der möglichen Reduktion des Versuchsumfanges auf ein Minimum, sondern darin, daß Verknüpfungen von Parametern sowie deren n-dimensionale Formen graphisch darstellbar sind (lineare Graphen), wodurch jedes noch so komplexe Problem (wie etwa die gemeinsame Betrachtung von Konstruktions- und Prozeßparametern in einer Versuchsserie) ohne großen Aufwand einer sogenannten Orthogonaltafel zugeordnet werden kann.

In weiterer Folge ist die TAGUCHI-Technik als aktives Entwicklungsinstrument zu sehen, mit dem es zum Beispiel möglich ist, Produkte zu entwerfen, die empfindlich gegenüber einer Steuergröße, jedoch unempfindlich gegenüber äußeren Störungen reagieren.

Der Nachteil dieser Technik ist darin zu sehen, daß Wechselwirkungen a priori bei der Versuchsplanung zu berücksichtigen sind. Korrelative Zusammenhänge müssen nicht erstellt werden, da die Parameter beliebig viele Ausgangsstufen besitzen können.

Versuchsauswertung

Die Versuchsergebnisse können sowohl graphisch als auch rechentechnisch ausgewertet werden. SHAININ zeigt für seine Versuchsaufbauten primär graphische Auswerteverfahren auf, die zwar recht einfach durchzuführen sind und eine hohe Übersicht aufweisen, jedoch nicht sehr genau sind.

Auf der anderen Seite wird sowohl für Full-Factorial aus auch für TAGUCHI-Experimente eine Varianzanalyse empfohlen. Diese verlangt zwar einen relativ hohen rechentechnischen Aufwand, liefert aber den exakten prozentuellen Anteil am Gesamteffekt. Auch hier können die Ergebnisse anschließend graphisch dargestellt werden.

Zudem sind heute Computerprogramme erhältlich, die die Analysearbeit vollinhaltlich übernehmen und die Resultate anschaulich darstellen.

Statistischer Nachweis

Im Zuge der Versuchsauswertung werden die optimalen Einstellwerte der signifikanten Parameter festgelegt. Das Gesamtergebnis muß sodann statistisch abgesichert werden. Dies geschieht entweder mit einem Verification Run nach TAGUCHI oder mit Hilfe eines B vs. C-Tests nach SHAININ.

Für die Vorbereitung des Verification Runs benötigt man mathematische Kenntnisse, da ein mit den optimalen Einstellwerten zu erreichender Zielwert a priori errechnet werden muß. Im Gegensatz dazu ist der B vs. C-Test tabellarisch festgelegt, d.h. um mit 99%iger Sicherheit eine Verbesserung nachzuweisen, benötigt man vier Versuche mit allen Werten auf den optimalen und fünf Versuche mit allen Werten auf den derzeit bestehenden Ausgangsstufen.

Der B vs. C-Test ist nur dann anwendbar, wenn man von einer bestehenden auf eine neue Bedingung schließen kann. Zudem ist der Probenumfang relativ groß. Im Gegensatz dazu ist der Verification Run allgemein anwendbar und benötigt für eine 95%-Aussage nur zwei Proben.

Ist die statistische Absicherung positiv verlaufen, so kann mit der Prüfplanung begonnen werden. Betrachtet werden hier nur mehr die ausschlaggebenden Parameter, für weniger wichtige Parameter können die Toleranzen erweitert werden bzw. können Kontrollen ganz entfallen.

Genetic Algorithm

Genetic Algorithm ist auf Selektions- und Mutationsregeln aufgebaut.

Eine Sonderstellung auf dem Gebiet der Versuchsplanung nimmt zweifelsohne die Methode des sogenannten Genetic Algorithm ein. Das Prinzip dieser Technik beruht darauf, daß man jedes technische Problem in ein genetisches umformulieren kann, welches sodann mit Hilfe von biologischen Regeln optimiert wird.

GA-Systeme sind selbstlernend.

Der große Vorteil dieser Technik liegt darin, daß sie voraussetzungsfrei universell anwendbar ist. Zudem ist es relativ einfach, sowohl die Versuchsplanung als auch die Auswertung zu automatisieren, d.h. man kann auf einfache Weise Self-Learning-Systeme erstellen.

Es ist bei dieser Technik gewährleistet, daß mit einer sehr hohen Wahrscheinlichkeit das absolute Optimum gefunden wird. Das gesamte Potential, das in einem Produkt bzw. Prozeß steckt, wird somit lokalisiert und auch nutzbar gemacht.

Obwohl diese Technik voraussetzungsfrei arbeitet, ist es angezeigt, ein Parameter-Homing durchzuführen, da der Versuchsaufwand proportional zur Anzahl der zu optimierenden Größen ansteigt.

Als Nachteil ist zu sehen, daß der Versuchsaufwand nur mit viel Erfahrung abzuschätzen und damit kostenmäßig zu bewerten ist. Auch ist es nicht möglich, signifikante von nicht-signifikanten Größen zu unterscheiden.

Zusammenfassend kann gesagt werden, daß DOE und WA-Techniken einen wichtigen Stellenwert bei Entwicklungsabläufen einnehmen, die Einsatzplanung sich aber aus dem Entwicklungsfortschritt ergeben muß und sie damit in Entwicklungsplänen nicht explizit angeführt sind.

3.6. Benchmarking und Reverse Engineering

Unter Benchmarking versteht man einen kontinuierlich ablaufenden Vergleichsprozeß des eigenen Unternehmens mit weltweit führenden anderen Unternehmen. Ziel dieses Prozesses ist es, die eigene Leistungsfähigkeit auf allen

Benchmarking ist ein Vergleichsprozeß.

Gebieten zu verbessern. Folgender Ablauf wird empfohlen:

○ Auswahl des zu benchmarkenden Prozesses oder Produktes. Dies kann sowohl ein Ablauf, wie die Neuentwicklung eines Fahrzeuges, oder auch ein Produkt selbst sein.

○ Definition von Leistungskennzahlen. Im Falle von Abläufen sind das zum Beispiel Ingenieurstunden pro Fahrzeug, im Falle eines Produktes anfallende Kosten für den Kunden für eine spezielle Funktion.

Benchmarking erfordert Kommunikation mit dem „Best-of-Best"-Unternehmen.

○ Auswahl des „Best-of-Best"-Unternehmens oder „Best-of-Best"-Produktes. Es ist bei der Auswahl natürlich zu berücksichtigen, daß Vergleichsmaterial in bezug auf die oben definierten Leistungskennzahlen in Form von Primär- oder Sekundärmaterial zur Verfügung stehen muß. Sekundärmaterial kann über Archive, Bibliotheken, aber auch über On- und Offline-Datenbanken abgefragt werden. Primärmaterial erhält man durch indirekten und direkten Kontakt mit dem Best-of-Best-Unternehmen.

○ Feststellung der Leistungsunterschiede und Entwicklung eines Aktionsplans zur Leistungserreichung der Best-of-Best-Leistungen.

○ Nach Abschluß der Aktivitäten Aktualisierung der Benchmarks.

Reverse Engineering entwickelt durch Vergleiche das „Best-of Best"-Produkt.

Im Falle des Benchmarkens eines Produktes wird diese Vorgehensweise auch *Reverse Engineering* genannt. Der Aktionsplan wird zum Projektablaufplan, wobei neben den gebenchmarkten Produktmerkmalen natürlich auch der Kundenwunsch, abgeleitet aus QFD, für das neu zu entwickelnde Produkt primär zu berücksichtigen ist.

Auch der Projektablauf kann gebenchmarkt und damit laufend verbessert werden, dies sowohl während eines Projektes als auch von Projekt zu Projekt.

Die Stärken von Benchmarking und Reverse Engineering-Techniken liegen eindeutig im Projekt-Offline-Bereich, mit dem enormen Vorteil, Verbesserungspotentiale auf transparente Weise aufzuzeigen und damit einen kontinuierlichen Verbesserungsprozeß loszubrechen.

Um die Effizienz der Engineering-Leistung zu dokumentieren, muß der Projektablauf gebenchmarkt werden.

4. Leistungspakete und Teamzusammensetzung

Auch die beste Ablauforganisation ist noch lange kein Garant für eine erfolgreiche Abarbeitung von Projektinhalten. Nach wie vor stellt der Faktor Mensch die Schlüsselposition im Projektgeschehen dar. Um eine qualitätsorientierte Arbeit zu erhalten, müssen die drei Humanfaktoren ...

Der Mensch ist die Schlüsselposition im Projektgeschehen.

- innerer Antrieb
- fachliche Fähigkeit und
- Arbeitsmöglichkeit

optimal ausgerichtet sein. Die Managementaufgabe ist die „Förderung des Wollens" eines jeden Mitarbeiters. Was sind aber die effektiven Faktoren in der täglichen Projektarbeit, die die Humanfaktoren beeinflussen?

- Der **innere Antrieb,** die Motivation eines Mitarbeiters wird durch eine Identifizierung mit den jeweiligen Arbeitsinhalten erreicht. Gefördert werden kann die Identifikation durch die Übertragung eines hohen Maßes an Eigenverantwortung nach dem Input-Output-Prinzip, d.h. nur das *Ziel der Arbeit* wird *vereinbart,* die Vorgehensweise zur Zielerreichung bleibt dem Mitarbeiter selbst überlassen.

- Die **fachliche Fähigkeit** wird durch Ausbildung und Erfahrung erworben. Bei der Zielvereinbarung ist darauf zu achten, daß

Motivation, Fähigkeiten und Arbeitsmöglichkeiten bestimmen das menschliche Leistungsvermögen.

ein Mitarbeiter weder fachlich unter- noch überfordert ist, da beide Extreme zu einer maßgeblichen Verschlechterung von Ergebnissen führen können. Ein offener Dialog bei der Zielvereinbarung kann dieses Problem weitgehend egalisieren.

○ Die **Arbeitsmöglichkeiten** zur Erreichung des vereinbarten Ziels müssen zur Verfügung gestellt sein. Darunter versteht man sowohl Hilfsmittel als auch Arbeitszeit und Budgetmittel.

Die Projektphase wird damit maßgeblich beeinflußt durch:

○ den Inhalt der Zielvereinbarung (Leistungspaket) und der fachlich richtigen Zuordnung,

○ eine in sich geschlossene Selbständigkeit (fractal group) und Ergebnisverantwortung sowie

○ dem Service der Linienorganisation.

4.1. Die Leistungspaketvergabe

Arbeiten werden in Form von definierten Leistungspaketen vergeben.

Übertragen auf ein Projekt bedeutet dies, daß das größtmögliche Leistungspaket das Projekt selbst ist. Neben den technischen und Kundenanforderungen müssen Termine, Aufwände und das zu benützende Umfeld zwischen Projektverantwortlichem und Kunden beeinflußt und schriftlich fixiert werden. Das Leistungspaket hat somit einen klar definierten Input (Termin, Leistungsmerkmal und Kosten) und Output (serienreifes Produkt zum vereinbarten Termin und zu vereinbarten Aufwendungen).

Ausgehend vom Gesamtleistungspaket werden mit den verschiedenen Fachbereichen Subleistungspakete, bezogen auf Prozesse und Terminplan, vereinbart. Diese Subleistungspakete werden innerhalb der Fachbereiche bis auf Mitarbeiterebene weiter aufgesplittet. Um ein höchstmögliches Maß an Transparenz bezüglich des Projektablaufs zu erhalten, werden diese zusätzlich in bezug auf die Freigabestufen unterteilt (Abb. 4.1).

Das Gesamtleistungspaket wird bis in Einzelprozesse aufgelöst.

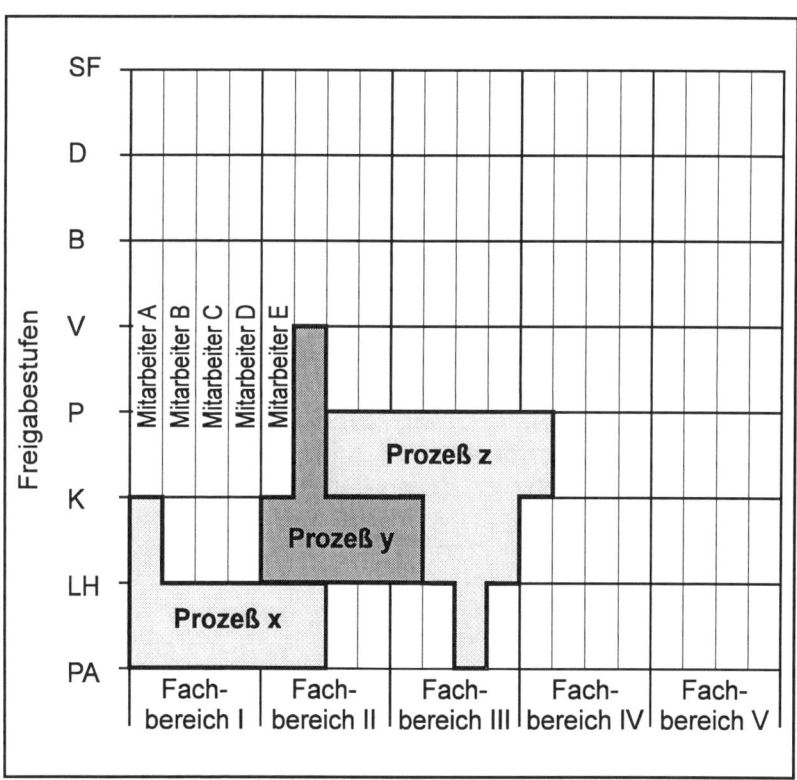

Abb. 4.1. Aufsplittung des Gesamtleistungspakets auf Einzelprozesse und Mitarbeiterebene (schematisch).

Die Wege zur Zielerreichung sind frei wählbar, nur Input und Output sind definiert.

Vorteil dieser Unterteilung ist, daß sowohl Input als auch Output für jeden Mitarbeiter genau definiert wird, der Weg zur Output-Erreichung aber offen bleibt. Ein Höchstmaß an konzeptioneller Freiheit und Kreativität wird erreicht, das Projekt bleibt für den Projektverantwortlichen aber dennoch in allen Kriterien überschaubar. Das wichtigste Element einer Leistungspaketvergabe aber ist, daß ein Leistungspaket immer eine Abstimmung zwischen Beauftragtem und Beauftrager darstellt, und dies auf allen Ebenen. Erreicht werden kann eine optimale Abstimmung aber nur bei einer ebenso optimalen Teamzusammensetzung.

4.2. Die Teamzusammensetzung

Das Projektteam wird prozeßorientiert zusammengesetzt.

Eine Projektteamzusammensetzung ist vom abzuleitenden Projektinhalt abhängig. Forschungsprojekte werden nur in den seltensten Fällen Teilnehmer aus dem Bereich Logistik rekrutieren, auf der anderen Seite ist bei einer Serienentwicklung der Bereich Forschung meist nicht vertreten. Ausgehend von Projektinhalten werden Prozesse abgeleitet. Aufgrund der Prozesse ersieht man, welche Fachbereiche in das Projektgeschehen involviert werden müssen.

Das Teamrecruiting erfolgt, indem in einem ersten Schritt von der Geschäftsführung ein Projektleiter, unabhängig von welchem Fachbereich kommend, nominiert wird. Der Projektleiter trägt die volle Verantwortung für die Erfüllung des Projektziels, d.h. des größtmöglichen Leistungspakets. Die Projektmitarbeiter werden von den Fachbereichen, abhängig von den abzuarbeitenden Tätigkeiten, rekrutiert. Das Recruting stellt quasi eine Mitarbeiterleihvereinbarung auf Zeit zwischen Fachbereichs- und Projektleiter, natürlich nach Zustimmung des betroffenen Mitarbeiters, dar. Dem Projektmitarbeiter des jeweiligen Fachbereichs wird ein Subleistungspaket, für das er wiederum voll verantwortlich ist, zur Verfügung gestellt. Je nach Leistungsumfang des Subleistungspakets rekrutiert der Projektmitarbeiter Experten aus dem eigenen Fachbereich, aber fallweise auch aus fremden Fachbereichen. Eine Projektorganisation laut Abbildung 4.2 kann damit aufgebaut werden.

Teammitglieder werden in Form einer Leihvereinbarung von der Linie rekrutiert.

Bei der Projektteamzusammensetzung und Leistungspaketvergabe sind folgende Punkte zu beachten:

◯ Die Leistungspakete müssen idealerweise in Absprache zwischen Vergebendem und Abzuarbeitenden definiert werden. Der Projektleiter fragt an, was ein bestimmter Prozeß kostet, wie lange er dauert usw., der Projektbeauftragte erstellt an den Projektleiter ein verbindliches Angebot, das anschließend abgestimmt und gegebenenfalls beauftragt wird. Das heißt aber, daß bereits das Projektteam die komplette Angebotserstellung durchführt.

Leistungspakete sind eine Vereinbarung zwischen Beauftrager und Beauftragtem.

◯ Die Teamzusammensetzung hat nach dem Prinzip der Fractal Group zu erfolgen, d.h. ausgehend von einem definierten Input wird innerhalb der Gruppe eigenverantwortlich und kompetent der gewünschte Output erarbeitet. Die größte Fractal Group ist das Projektteam, die kleinste Einheit der einzelne Mitarbeiter. Leistungspakete sind damit nicht fachbereichsbezogen, sondern auf die Prozesse zur Projektzielerreichung abgestimmt.

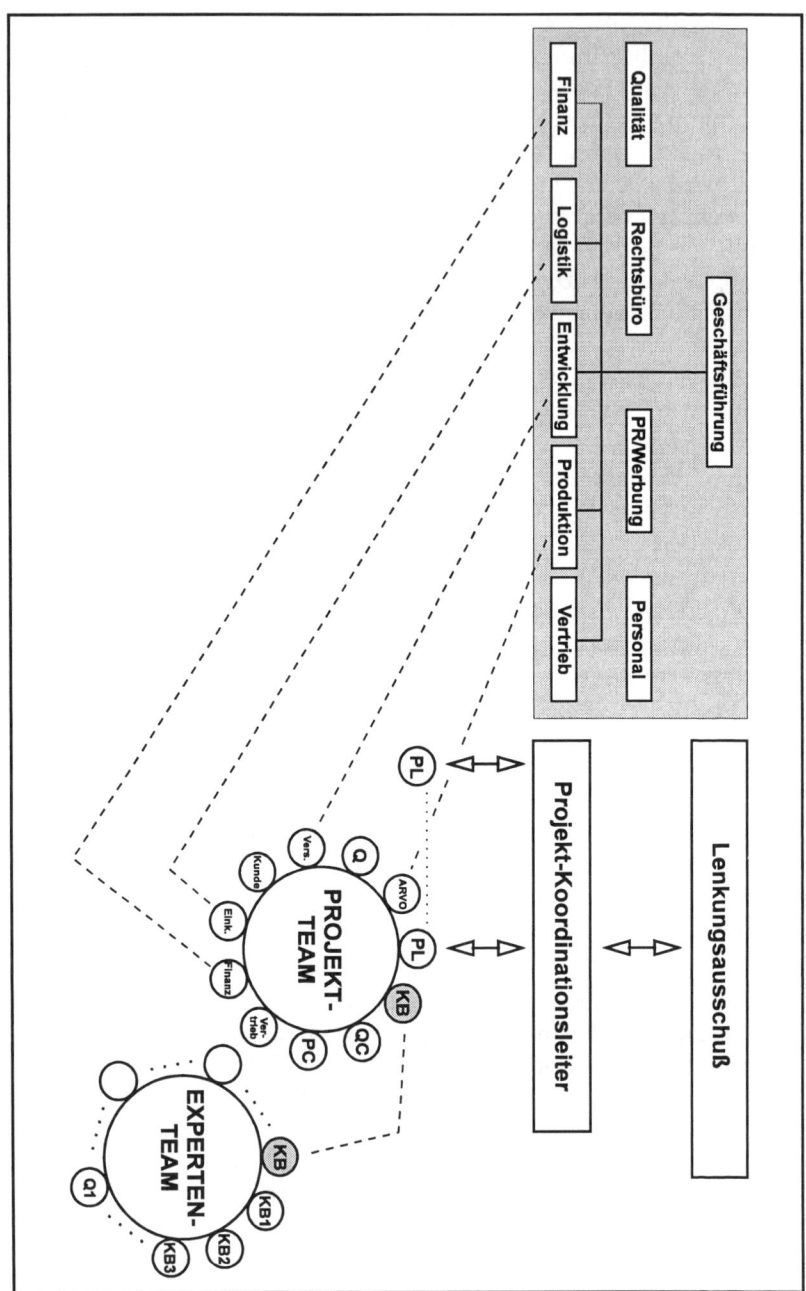

Abb. 4.2. Projektorganisaton, ohne Hierarchiestufen

○ Wird zur Zielerreichung eine externe Leistung benötigt, sprich Einkaufsteile, die zu entwickeln sind, so muß der jeweilige Lieferant ein Projektteammitglied sein. Nur durch die frühe Integration des Lieferanten können optimierte und mit dem Gesamtprojekt abgestimmte Einkaufsteile entwickelt werden.

Lieferanten sind Teammitglieder.

○ Redundante Arbeitsabläufe sind zu vermeiden. Arbeitspläne oder Vorrichtungskonstruktionen für Prototypen sind nicht von der Entwicklungsabteilung, sondern von den zuständigen Fachbereichen unter Zuhilfenahme des Entwicklungsfachwissens zu erstellen. Die Projektzugehörigkeit dieser Bereiche wird zwar länger, Schnittstellenprobleme treten jedoch nicht mehr auf, da parallel zu konstruktiven auch Prozeßparameter, Logistikparameter usw. aufgrund der engen Fachbereichsinvolvierung berücksichtigt werden.

Über die Projektlaufzeit ist im Blue Collar-Bereich das Entwicklungspersonal sukzessive durch Serienpersonal zu ersetzen, ja das Serienarbeitspersonal muß maßgeblich an der zukünftigen eigenen Arbeitsplatzgestaltung mitarbeiten. Das maximal vorhandene Wissenspotential wird dadurch genützt, aufwendige Serienabstimmungen und Einschulung von Stammpersonal kann bei optimaler Organisation dieses Prozesses ganz entfallen.

Schlüsselpersonal der zukünftigen Serienfertigung wird in die Endphase des Projekts aktiv involtiert.

4.3. Regeln der Teamarbeit

Der Projektleiter hat Moderatorenfunktion.

Innerhalb des Projektteams gibt es keine Hierarchie-Ebenen, sondern ausschließlich Verantwortungsbereiche. Der Projektleiter übt normalerweise eine Moderatorenfunktion aus, um eine maximale Synergie des Expertenwissens zu erreichen. Abweichungen von Leistungspaketvorgaben müssen rechtzeitig bekanntgegeben, begründet und korrigiert werden. Das Projektteam tritt in regelmäßigen Abständen zusammen, wobei der Projektleiter in Abstimmung mit den Projektmitarbeitern die Tagesordnungspunkte festlegt. Bei dringenden Problemen kann jeder Mitarbeiter eine Projektteamsitzung einberufen. Der Projektleiter ist mit dem gesamten Projektteam für das Gesamtprojekt verantwortlich, jeder Projektmitarbeiter gemeinsam mit seinem Expertenteam für das ihm zugewiesene Subleistungspaket.

Fachbereiche sind für Projektmitarbeiter Servicestellen.

Die Fachbereiche sind für das Projektteam Service- und Anlaufstellen, die einerseits die Peripherie, die Prüfstände, aber auch spezielles Expertenwissen für die Projektzielerreichung aufbauen und zur Verfügung stellen.

Bei mehreren parallel laufenden Projekten ist es durchaus möglich, daß, um eine 100%-Auslastung zu erreichen, ein Mitarbeiter im Projekt A als Experte arbeitet, das Projekt B aber zusätzlich als Projektleiter führt oder eine Linienfunktion erfüllt.

5. Beispiel einer Projektdurchführung

Projektorganisation nach Simultaneous-Engineering-Kriterien müssen auf das jeweilige Unternehmensaufgabenfeld abgestimmt sein. Das Finden der idealen Organisationsform ist ein langwieriger Prozeß, der aufgrund sich ändernder externer Anforderungen niemals ganz abgeschlossen werden kann.

Die Projektorganisation muß sich am jeweiligen Betriebsumfeld orientieren.

Die zentrale Position im Projektablaufgeschehen stellen die Mitarbeiter dar, die ihre Spezialistentätigkeit in die Projektorganisation einfügen müssen, um gemeinsam ein geschlossenes Fraktal zu bilden.

Vor dem Start eines Simultaneous-Engineering-Projekts sind daher die Tätigkeitsprofile der Teammitglieder, aber auch des Projektleiters klar zu definieren, sind Regeln für die Arbeit im Projektteam zu erstellen und sind Anweisungen für die Entwicklungsplanerstellung nach Simultaneous-Engineering-Prinzipien zu erarbeiten. Dies alles geschieht unter Berücksichtigung der vorhandenen Gegebenheiten und der betrieblichen Infrastruktur.

5.1. Anforderungsprofil des Projektteams

Unter Zugrundelegung des bisher Gesagten können folgende Anforderungsprofile abgeleitet werden:

Projektleiter

Der Projektleiter ist gesamtprojektverantwortlich.

Aufgaben: Abstimmung und Formulierung der Projektaufgabe, gemeinsam mit dem internen oder externen Kunden; Gesamtkoordination des Projektablaufs laut Richtlinien und Kontrolle über die Erfüllung der Zielsetzung (Kosten, Termine, Qualität); Gründung des Projektteams durch Anforderungen an die Fachbereiche; Einberufung von Besprechungen; Planung, Einhaltung und Durchführung von Reviews zu Freigabestufen; Berichtspflicht an den Lenkungsausschuß; Moderations und Motivationsfähigkeit.

Befugnisse: Beantragung notwendiger Änderungen, die über den Projektrahmen hinausgehen; Recht auf unmittelbare Informationen von den Projektbeauftragten bzw. direkt aus dem Fachbereich; Aufgabenteilung des Leistungspaketes an Projektbeauftragte; freier Handlungsspielraum innerhalb vorgegebener Rahmenbedingungen.

Verantwortung: Ergebnisverantwortung; Koordination aller Einzelaufgaben über alle Prozesse, Kosten, Termine und Leistungserbringung im Rahmen der Projektvorgaben.

Projektbeauftragter

Projektbeauftragte sind fachbereichsverantwortlich.

Aufgaben: Gründung von Expertenteams in Absprache mit Fachbereichsvorgesetzten; Übergabe von prozeßbezogenen Einzelaufgaben an

Experten der Fachbereiche; Kontrolle des ihm zugeteilten Leistungspakets hinsichtlich Kosten, Termine und Qualität; Statusinformationen an den Projektleiter; Subleistungspaketkoordination über Fachbereichsgrenzen.

Befugnisse: Einberufung des Projektteams nach Absprache mit dem Projektleiter; freier Handlungsspielraum zur Zielerreichung der Leistungspaket-Ecktermine (Qualität, Kosten, Termine).

Verantwortung: Ergebnisverantwortung für sein Leistungspaket; Sicherstellung des Informationsflusses innerhalb seines Aufgabengebietes und im Projektteam.

Experten

Aufgaben: Übernahme von prozeßbezogenen Einzelaufgaben im Rahmen des Expertenwissens in Form von Subleistungspaketen; bei Unklarheiten Abstimmung mit Projektbeauftragten und gegebenenfalls Inanspruchnahme von Serviceleistungen aus Fachbereichen in Form von Beratung; rechtzeitige Information an Projektbeauftragten bezüglich Vollzug oder Abweichung gemäß den Vorgaben.

Experten sind für ihre Aufgaben im Rahmen des Projekts verantwortlich.

Befugnisse: Handlungsspielraum bei Erarbeitung von Problemlösungen in Abstimmung mit dem Expertenteam innerhalb des Projektauftrags; Einberufung des Projektteams nach Absprache mit dem Projektleiter.

Verantwortung: Ergebnisverantwortung für das personenbezogene Leistungspaket; Sicherstellung des Informationsflusses innerhalb seines Expertenteams und im Projektteam.

5.2. Regeln für die Arbeit im Projektteam

Regeln für die Arbeit im Projektteam sind einfach und übersichtlich.

Um dem Projektteam eine maximale Zielorientierung zu ermöglichen, um aber auch zu gewährleisten, daß sämtliche oben diskutierten Aspekte Anwendung in der täglichen Projektarbeit finden, werden diese in zehn möglichst einfache Regeln mit Hilfe von QFD zusammengefaßt (Frage der QFD-Studie: „Was erwarten Sie sich von einer effiezient funktionierenden Projektorganisation?"). Es sei an dieser Stelle darauf hingewiesen, daß neben einer möglichst kurzen Strategie- und Philosophieschulung des Projektteams sich diese sehr kompromierte Ableitung eines Projektmanagement-Manuals bestens für die tägliche Projektarbeit bewährt hat, da mit den zehn Regeln und der Hintergrundstrategie jede Projektsituation mit geringem Aufwand richtig beurteilt und entsprechend gehandelt (Abb. 5.1) werden kann.

Regel 1: Sie bezieht sich auf das Team-Recruiting des Projektleiters, welche als Personal-Leihvereinbarung auf Zeit zwischen Projekt und Linie zu sehen ist.

Die Projektsupervision erfolgt durch den Lenkungsausschuß.

Regel 2: Der Lenkungsausschuß (Geschäftsführung und Direktion) gibt den offiziellen Projektstarttermin bekannt und bestimmt die Priorität des Projektes in Relation zu bereits laufenden Projekten.

Regel 3: Der Projektstatusbericht dient der Transparenz des Projektablaufs und „zwingt" den Projektleiter, laufend Soll-Ist-Vergleiche durchzuführen. 14-tägige Projektsitzungen verhindern Schnittstellenprobleme zwischen Fachbereichsthemen.

1. Die Projektorganisation ist in Absprache mit den Fachbereichen bei Projektstart vom Projektleiter schriftlich zu fixieren.

2. Neue Projekte starten nach Prioritätenfestlegung durch den Lenkungsausschuß (Projekt ab dokumentierter Kundenanfrage).

3. Projektstatusbericht wird vom Projektleiter monatlich aktualisiert, bei Abweichungen vom Soll ehestmöglich. Projektsitzungen sind 14-tägig abzuhalten.

4. Nach Leistungsfestlegung laut Plankostenkatalog ist ein Leistungspaket zwischen Projektleiter und Projektbeauftragten als verbindlich zu sehen.

5. Abweichungen vom Leistungspaket müssen vom Projektleiter genehmigt und verursachungsgerecht zugeordnet werden.

6. Projektangebotslegung muß gemeinsam in Absprache mit allen Fachbereichen, vertreten durch Projektbeauftragte, erfolgen.

7. In Abstimmung mit allen Fachbereichen ist das Lastenheft zu erstellen.

8. QFD, FMEA und Design Reviews müssen im Projektablauf integriert sein.

9. Detailabstimmung muß innerhalb des Expertenteams und von Team zu Team laufend stattfinden.

10. Oberste Entscheidungsinstanz ist der Lenkungsausschuß.

Abb. 5.1. Zehn Regeln der Projektarbeit.

Regel 4: Sie beschreibt den Vertragscharakter zwischen Projektleiter und Projektbeauftragten. Standardtätigkeiten, wie Durchführung eines Dauerlaufs, sind im Planungskostenkatalog bezüglich Zeit, Qualität und Kosten festgeschrieben.

Leistungsabweichungen werden verursacherbezogen verrechnet.

Regel 5: Da Leistungspakete einen Vertragscharakter aufweisen und damit als definitiv zu sehen sind, müssen Abweichungen neu verhandelt und dem Verursacher zugerechnet werden.

Regel 6: Das Projektangebot ist die Summe aller internen Leistungspakete, multipliziert mit einem externen Kostensatz.

Regel 7: Sie weist auf eine umfassende Konzeptphase von der ersten Idee bis zum Serienprodukt hin, unter Einbeziehung aller Fachbereiche.

Regel 8: Um eine Kundenwunsch-Identifizierung und Risikominimierung zu erreichen, ist die Anwendung von Entwicklungstechniken Bestandteil des Projektablaufs.

Regel 9: Sie weist auf die interdisziplinäre Zusammenarbeit hin.

Regel 10: Sie tritt nur bei Abweichungen von Leistungsvereinbarungen in Kraft.

5.3. Entwicklungsterminplanerstellung nach Simultaneous-Engineering-Prinzipien

Die Entwicklungsterminplanerstellung ist auf die folgenden Kriterien abgestimmt:

○ kurze Entwicklungszeit,

○ kundenorientiertes Produkt,

○ risiko- und problemfreies Produkt und Prozeß,

○ kostengünstige Entwicklung.

Als oberste Prämisse gilt, erst nach Abschluß der Brainware-Phase die Software- und danach die Hardware-Phase zu beginnen.

Erst nach Abschluß der Brainware-Phase wird das Projekt weitergeführt.

Folgendes Procedere wird empfohlen:

1. Fachbereichs-Einzelterminplanung aufgegliedert in Prozesse, aber ohne absolute Zeitleiste, mit Dauer und Abhängigkeiten (Liefertermine, Vorarbeiten, ...), gegliedert nach Baugruppen.

2. Projektteambesprechung, um den gesamten Terminplan zu erstellen (Abstimmung der Einzelterminpläne; Abb. 5.2).

    2.1. Start mit den Konstruktionseckterminen.

    2.2. Ableitung der Verfügbarkeit von Prototypen (PT) der ersten und zweiten Generation.

    2.3. Versuchsaktivitäten unter Berücksichtigung der Dauerläufe zu 75% erledigt für die Entscheidung der Freigabe in der nächsten Stufe.

2.4. Einarbeitung der Arbeitsvorbereitung und Logistik-Planung.

2.5. Einarbeitung der Freigabepunkte, QFD, FMEA, Design Reviews.

Das obige Beispiel ist aus dem Fahrzeugbau entnommen und muß für andere Betriebszweige entsprechend neu adaptiert werden.

Jedes Unternehmen muß Regeln und Abläufe an die eigenen Gegebenheiten anpassen.

Generell ist zu erwähnen, daß obige Anforderungsprofile, Regeln und Terminplanerstellungsrichtlinien nur für *ein* Unternehmen Gültigkeit besitzen können, d.h. jedes Unternehmen muß seine Vorgaben an die jeweils vorherrschende interne und externe Situation anpassen.

Kommt zu den oben beschriebenen und bewußt sehr einfach gehaltenen Vorgaben noch der fachliche Input hinzu, so steht einer Projektarbeit nach Simultaneous-Engineering-Prinzipien nichts mehr im Wege.

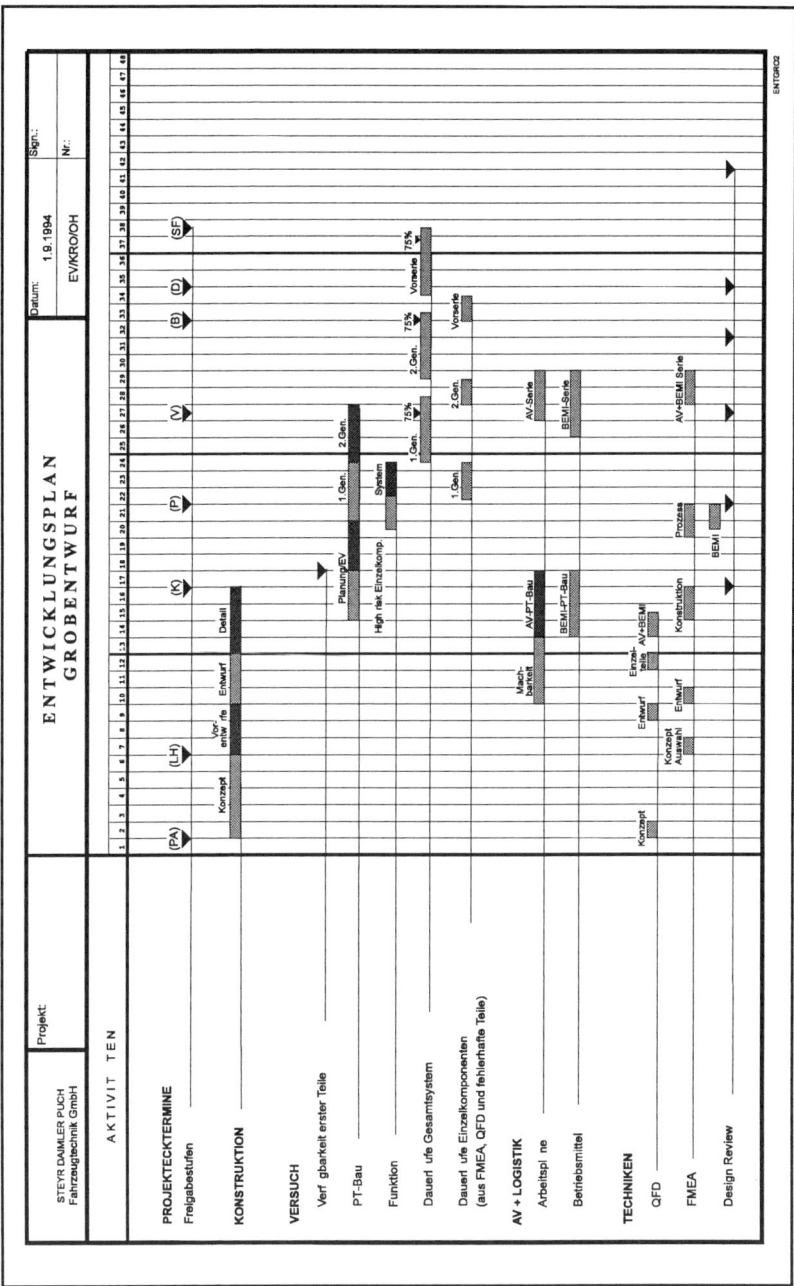

Abb. 5.2. *Entwicklungsterminplan / Entwurfshilfen*

6. Das fraktale Unternehmen nach Warnecke

WARNECKE (1993) definiert ein Fraktal wie folgt:

„Ein Fraktal ist eine selbständig agierende Unternehmenseinheit, deren Ziele und Leistung eindeutig beschreibbar sind.

Fraktale sind selbständig.

1. Fraktale sind selbstähnlich, jedes leistet Dienste.

2. Fraktale betreiben Selbstorganisation:

   Operativ: Die Abläufe weren mittels angepaßter Methoden optimal organisiert.

   Taktisch und strategisch: In einem dynamischen Prozeß erkennen und formulieren die Fraktale ihre Ziele sowie die internen und externen Beziehungen. Fraktale bilden sich um, entstehen neu und lösen sich auf.

   Fraktale existieren nur so lange, wie für die Erreichung eines Zieles notwendig ist.

3. Das Zielsystem, das sich aus den Zielen der Fraktale ergibt, ist widerspruchsfrei und muß der Erreichung der Unternehmensziele dienen.

4. Fraktale sind über ein leistungsfähiges Informations- und Kommunikationssystem vernetzt. Sie bestimmen selbst Art und Umfang des Zugriffs auf die Daten.

5. Die Leistung des Fraktals wird ständig gemessen und bewertet."

Laut dieser Definition können Entwicklungsorganisationen nach Simultaneous-Engineering-Prinzipien als Fraktale betrachtet werden, da alle fünf Charakteristika erfüllt werden.

Expertenteams haben dieselbe Struktur wie Projektteams.

ad 1.) Sie organisieren sich selbstähnlich, da ausgehend vom größtmöglichen Leistungspaket eine Aufsplittung in überschaubare Subleistungspakete erfolgt. Organisatorisch ist die größte Einheit die Engineering-Abteilung mit allen Dienstleistungen zur reibungslosen Projektabarbeitung, die kleinste Einheit ein prozeßorientiertes Expertenteam beziehungsweise ein einzelner Spezialist (Abb. 6.1).

Von Selbstähnlichkeit kann man aus diesem Grunde sprechen, weil die Inputs (Termine, Qualität, Kosten) und Outputs (produzierbare technische Lösung zu vereinbarten Kosten, Qualität und Termin) für jedes Projektteam klar definiert sind, der effektive Aufbau des Projektteams und Ablauf des Projektes aber von Projekt zu Projekt den jeweiligen Gegebenheiten flexibel angepaßt werden muß. So es es durchaus möglich, daß im Projektteam (1) der Fachbereich (A) überhaupt nicht vertreten, im Projektteam (2) jedoch durch drei Experten präsent ist, was zwangsweise natürlich auch zu Änderungen im Projektablauf führen muß.

Die Zusammensetzung der Projektteams ändert sich über die Projektlaufzeit.

ad 2.) Engineering-Projekte sind hochdynamische Prozesse, die abhängig vom Projektfortschritt Expertenteams verkleinern, vergrößern oder nach einer gewissen Projektlaufzeit ganz aus dem Projektgeschehen entkoppeln. So können Experten des Fachbereichs Forschung im ersten Drittel des Projektgeschehens präsent sein (natürlich auch mit flexibler Expertenzahl), vor Serienstart jedoch aus dem Projektteam ausgegliedert werden. Die Anwesenheitsdauer der jeweiligen Fraktale (hier Experten) im Projekt-

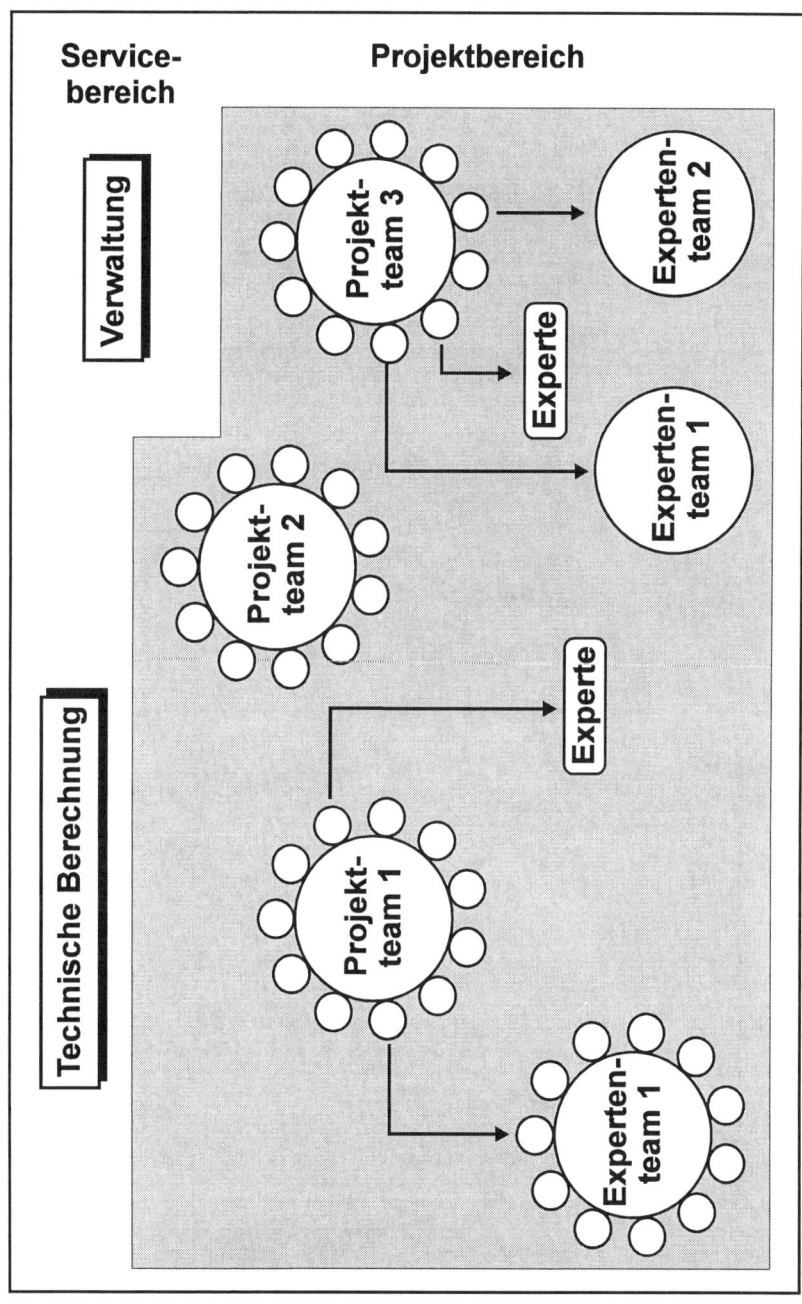

Abb. 6.1. Das Fractal Engineering

Leistungspakete sind Vereinbarungen zwischen Beauftrager und Beauftragtem.

geschehen regelt sich aufgrund des a priori definierten Arbeitsvolumens von selbst.

ad 3.) Ziele werden in Form von Leistungspaketen vereinbart. Daraus werden Subleistungspakete abgeleitet, die zusammengesetzt wiederum das Gesamtleistungspaket ergeben. Es ist in diesem Zusammenhang von eminenter Bedeutung, daß Ziele eine Vereinbarung zwischen Beauftragtem und Beauftrager darstellen und Vertragscharakter haben.

Für die Struktur des Gesamtunternehmens bedeutet dies, daß Unternehmensziele letztendlich durch einen iterativen Prozeß zwischen Unternehmensleitung und den Fraktalen erarbeitet werden, was im höchsten Maße kreativitätsfördernd ist. Der Führungsstil eines Fraktals ist ein überzeugender, in den wenigsten Fällen Management by Objectives.

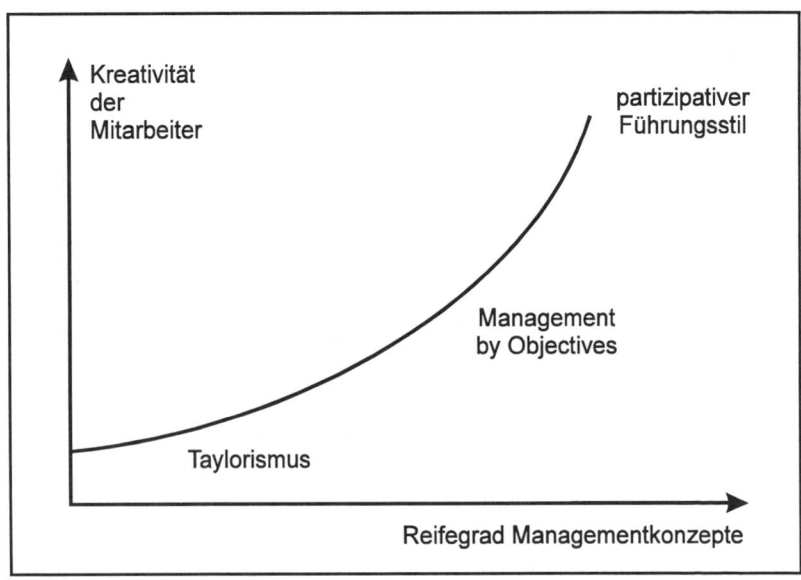

Abb. 6.2. *Abhängigkeit der Kreativität vom jeweiligen Führungsstil*

ad 4.) Simultaneous-Engineering-Organisationen sind mit dem Zweck aufgebaut, einen möglichst lückenlosen Informationsfluß zwischen den einzelnen Teammitgliedern und Fachbereichen zu gewährleisten. Der Kommunikationsfluß innerhalb des Teams bzw. innerhalb des Expertenteams ist am größten, Management-Informationen in Form von Design Reviews und Statusbrichten werden periodisch weitergegeben. Die Informationsübermittlung ist eine Holpflicht.

Informationen zur Leistungserreichung sind eine Holschuld.

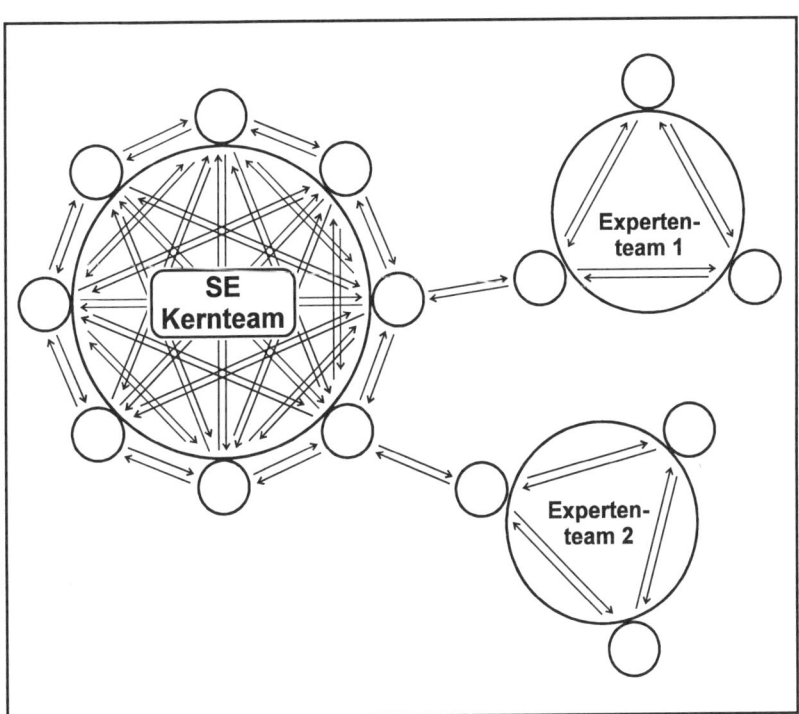

Abb. 6.3. *Informationsfluß bei SE-Teams*

Natürlich sind zusätzlich je nach Bedarf weitere Informationsverbindungen möglich und können ohne Hindernisse aufgebaut werden (z.B direkt zwischen zwei Expertenteams).

Der Leistungsnachweis ist eine Bringschuld.

ad 5.) Der Leistungsnachweis eines Simultaneous-Engineering-Teams ist eine Bringschuld und erfolgt in Form von Kosten-, Zeit- und Performancekontrollen im allgemeinen laufend, an den Freigabepunkten in Form von Soll-Ist-Vergleichen im besonderen. Der Projektstatus wird vom SE-Team bewertet und weitergemeldet. Die Leistungen des Projektteams werden von außen gesamtheitlich bewertet, Einzelpersonenwertungen sind ausgeschlossen. Aufgrund dessen, daß Zielvereinbarungen auf gemeinsamen Beschlüssen basieren, kann eine hohe Zielorientierung vorausgesetzt werden.

Expertenteams können auch interdisziplinär zusammengesetzt sein.

Weiters ist erwähnenswert, daß Fraktale ebenso wie SE-Teams einen möglichst einfachen Aufbau besitzen und in Richtung Hauptkommunikations- und Prozeßorientierung zu organisieren sind.

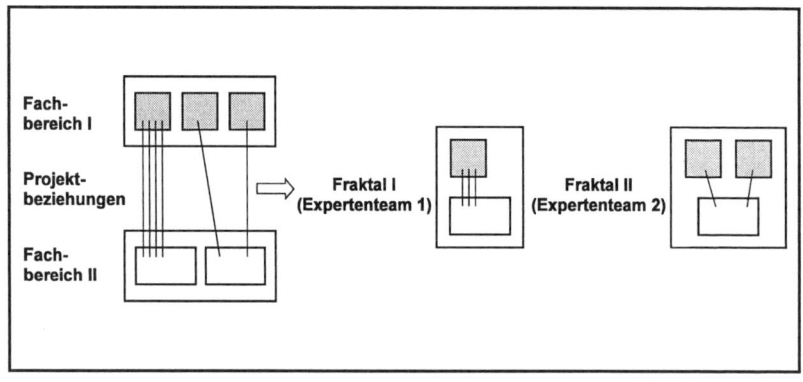

Abb. 6.4. *Prozeßorientierte Strukturierung*

Um Abstimmungsprozesse zu beschleunigen und Informationübermittlung möglichst zu optimieren, ist eine räumliche Zusammenfassung anzustreben.

Je nach Projektstatus können sich Fraktale, wie bereits erwähnt, verändern oder auch ganz auflösen.

Zentrale Tätigkeiten, d.h. Leistungen, die von sämtlichen SE-Teams in Anspruch genommen werden, können ebenfalls in Form von Fraktalen organisiert sein.

So stellt für ein Expertenteam aus einer Fachabteilung die Fachabteilung selbst einen zentralen Dienst dar, da das Arbeitsinstrumentarium, wie z.B. ein Prüfstand, aber auch ganz spezielles Expertenwissen, von dieser zur Verfügung gestellt wird, um einen reibungslosen Projektablauf zu gewährleisten. Auch Aus- und weiterbildung kann als zentraler Dienst einer Fachabteilung gesehen werden.

Auch allgemeine Tätigkeiten können nach fraktalen Prinzipien organisiert werden.

6.1. Konsequenzen für das gesamte Unternehmen

Das Konzept der fraktalen Organisation ist nicht auf Projektabläufe beschränkt, sondern kann auf das gesamte Unternehmen übertragen werden, in dem der Engineering-Bereich ein Fraktal darstellt.

Fraktale Gruppenorganisation nach dem Prozeßorientierungsprinzip schließt Tätigkeiten, die nicht der Zielerreichung dienen, aufgrund der hohen Überschaubarkeit durch eben die Prozeßorientierung aus. Das heißt aber, daß eine fraktale Organisation per definitionem auch eine Leane Organisation ist bzw. über diese Definition noch weit hinausgeht, da fraktale Organisationen den Menschen in den Mittel-

Fraktale Organisationen stellen den Menschen in den Mittelpunkt.

punkt stellen. Durch das Prinzip der Selbstorganisation und Dynamik soll erreicht werden, daß jeder einzelne Mitarbeiter ein Höchstmaß an Selbstverwirklichung erzielt, wodurch dessen Potentiale optimal aktiviert werden.

Fraktale Organisationsformen sind motivationsfördernd.

Das Prinzip der Dynamik gewährleistet auch, daß sich Arbeitsinhalte über die Zeit ändern, was für Mitarbeiter zusätzlich motivierend und für das Unternehmen weiter effizienzsteigernd ist.

Fraktale besitzen eine Eigenständigkeit mit klar definierten In- und Outputs. Sie sind dadurch aber auch ersetzbar bzw. können für ein Unternehmen von außen substituiert werden. Ein für das Unternehmen wichtiger Konkurrenzkampf wird aufgebaut.

Durch fraktale Selbstorganisation und gemeinsamer Zielvereinbarung zwischen Fraktalen und Management wird aber auch die Firmenstruktur eine Änderung erfahren. Eine Verflachung ist abzusehen (Abb. 6.5), aber auch das Führungsverhalten wird sich auf einen partizipativen Stil ändern.

Entlohnungs- und Zeitsysteme müssen den fraktalen Prinzipien angepaßt werden.

Da die Leistung des Fraktals als Ganzes bewertet wird und nicht die des einzelnen Mitarbeiters, müssen auch Entlohnungssysteme entsprechend umgestellt werden. In Zukunft wird der Entlohnungsparameter „Anzahl der unterstellten Mitarbeiter" durch „Leistungspotential des Fraktals" zu ersetzen sein. Wie dies im konkreten aussieht, hängt natürlich sehr stark vom Geschäftsfeld des jeweiligen Unternehmens ab. Ebenso sind Zeitsysteme in Zukunft kritisch zu betrachten. Eine Selbstorganisation impliziert ein eigenes Zeitmanagement des Fraktals, da eine Leistung zu bestimmten Kosten, Qualitäten und Terminen vereinbart

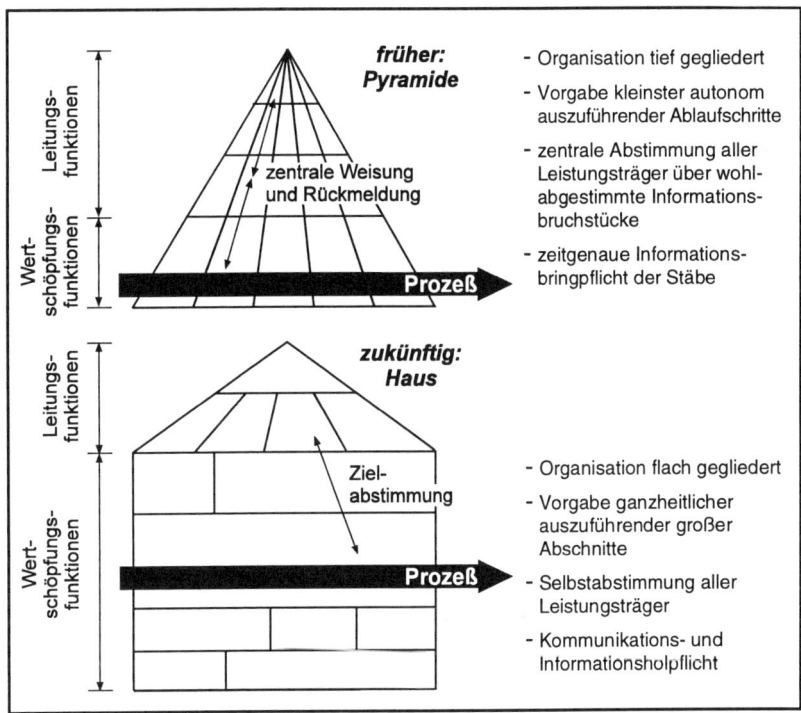

Abb. 6.5. Von der Pyramide zum Haus (aus: Warnecke, 1993)

wurde. Die Anwesenheitsdauer eines jeden Mitarbeiters ist für die Abarbeitung von Leistungsinhalten ohne Relevanz, solange Termine eingehalten werden. Zeitlich zu beachten werden in Zukunft nur mehr Abstimmrunden innerhalb des Fraktals und von Fraktal zu Fraktal sein.

6.2. Reorganisation nach fraktalen Prinzipien

Die Reorganisation für den Engineering-Bereich wurde hinreichend diskutiert, nicht aber für das Gesamtunternehmen. Beim Gesamtunternehmen besteht das große Problem darin, die Hauptabhängigkeiten zwischen den Fachbereichen zu erkennen und zusammenzuführen (Abb. 6.4).

Autonome Lerngruppen helfen, Hauptkommunikationswege zu erkennen.

Auch hier ist die Konzentration auf prozeßorientierte Abläufe unter Beiziehung der beteiligten Personen am zielführendsten. Als Hilfsmittel, Zusammenhänge klar darzustellen, kann die Technik der autonomen Lerngruppen herangezogen werden. Autonome Lerngruppen gehen nach folgendem Procedere vor:

1. Festlegung des zu untersuchenden Arbeitsablaufes (z.B. Prototypenbau — Montage).

2. Auflösung dieses Ablaufes in Arbeitsplätze und Festlegung, wer den jeweiligen Arbeitsplatz per personam vertritt (z.B. Teilelogistik → Arbeitsvorbereitung → Vormontage → Montage → Meßtechnik).

3. Erste Teamsitzung, bei der jeder Teilnehmer seinen Arbeitsplatz beschreibt (Abb. 6.6).

Ebenso müssen die jeweiligen Probleme nach folgenden Kriterien aufgelistet werden (Abb. 6.7):

○ importierte Probleme,

○ eigene Probleme,

○ exportierte Probleme.

Ziele (Aufgaben)

Aufgabe des Arbeitsplatzinhabers, was soll erreicht werden (Teilziele).

Situation

Wie groß ist die Mannschaft, was wird getan, wo befindet sich die Arbeitsstätte, welche Hilfsmittel werden benutzt.

Vorgehensweise

Kurze Beschreibung des Ablaufs, was mache ich in welcher Reihenfolge und unter welchen Voraussetzungen.

EDV, Kommunikation

Welche Programme werden verwendet?
Welche Eintragungen muß ich machen?
Was brauche ich bereits unbedingt?

Abb. 6.6. *Formular für Arbeitsplatzbeschreibung autonome Lerngruppe.*

Schritt (3) ist von den jeweiligen Vertretern des betrachteten Arbeitsplatzes individuell zu bearbeiten.

Autonome Lerngruppen lösen ihre Probleme selbst.

4. Teamsitzungen, in der jeder Beteiligte seinen Arbeitsplatz beschreibt und Probleme schildert.

5. Gemeinsame Problemlösungsfindung und Erarbeitung eines idealen Ablaufs.

6. Daraus abgeleitet Strukturierung des Fraktals.

Vorteile dieses Ablaufs sind, wie schon diskutiert:

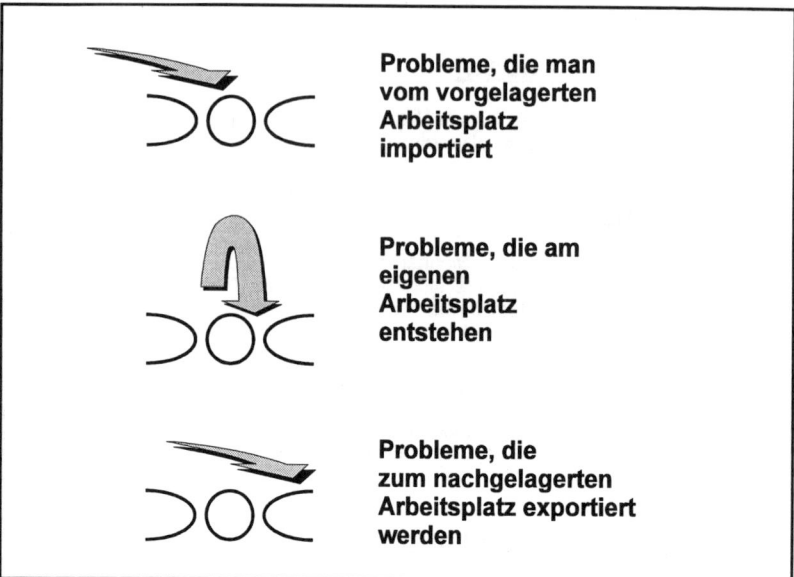

Abb. 6.7. *Formular für Arbeitsplatzbeschreibung autonome Lerngruppe.*

- Der Mann vor Ort weiß ob seiner Probleme am besten Bescheid.
- Ein konstruktiver Lösungsprozeß wird angeregt.
- Ein Fraktal kann sich selbst organisieren.

Es ist zu erwähnen, daß diese Vorgehensweise ein massives Umdenken sowie den Willen für Veränderungen verlangt und in keiner Managementebene gestoppt werden darf, da die Glaubwürdigkeit und der Erfolg ansonsten sehr fragwürdig wären. Auf der anderen Seite ist dies ein möglicher Weg, um ehrgeizige Pläne eines Ferdinand Piech (Vorstand des VW-Konzerns) in die Tat umzusetzen:

„Wir wollen am teuersten Standort der Welt die preiswertesten Autos bauen."
(Anläßlich eines Interviews für Auto Motor Sport Nr. 18/1994).

7. Zusammenfassung

Das unternehmerische Bild der Zukunft ist geprägt durch

○ fraktale Organisationsformen und

○ ausgeprägte, durchgängige Konzeptphasen (Brainware-Phase).

Zukünftig werden Aktivitäten in Richtung frühe Projektphase verschoben.

Eine Aktivitätenverschiebung, wie das Beispiel Toyota zeigt, wird dadurch mittelfristig erreicht (Abb. 7.1)

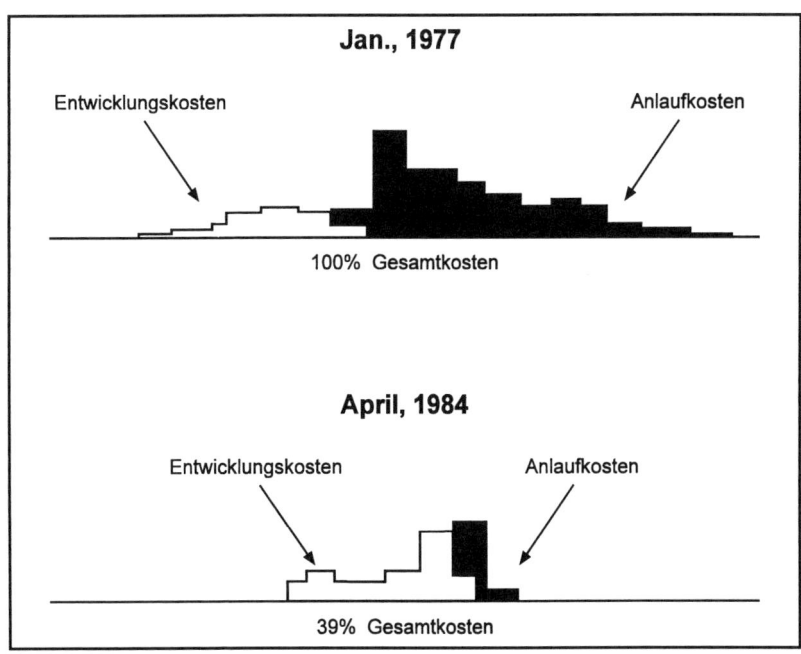

Abb. 7.1. *Ablaufkosten bei Toyota, 1977 und 1984.*
Quelle: ASI — Quality Function Deployment.

	Japan. Produzenten	Amerikan. Produzenten	Europ. Mengenproduzenten	Europ. Spezialisten
Durchschnittl. Ingenieurstunden je neues Auto (Mio.)	1,7	3,1	2,9	3,1
Durchschnittl. Entwicklungszeit je neues Auto (Monate)	46,2	60,4	57,3	59,9
Anzahl der Beschäftigten im Projektteam	485	903	904	904
Anzahl der Karosserieausführungen je Modell	2,3	1,7	2,7	1,3
Durchschnittl. Anteil übernommener Teile	18%	38%	28%	30%
Anteil der Zulieferer an der Entwicklung	51%	14%	37%	32%
Kosten der Konstruktionsänderungen als Anteil der gesamten Werkzeugkosten	10–20%	30–50%	10–30%	10–30%
Anteil der verspäteten Produkte	1/6	1/2	1/3	1/3
Werkzeugentwicklungszeit (Monate)	13,8	25,0	28,0	28,0
Pilotserie-Vorlaufzeit (Monate)	6,2	12,4	10,9	10,9
Zeit vom Produktionsbeginn bis zum ersten Verkauf (Monate)	1	4	2	2
Rückkehr zur normalen Produktivität nach neuem Modell (Monate)	4	5	12	12
Rückkehr zur normalen Qualität nach neuem Modell (Monate)	1,4	11	12	12

Abb. 7.2. Leistungsdaten Produktentwicklung Mitte der 90er Jahre.
Quelle: Kim B. Clark, Takahiro Fujimoto und W. Bruce Chew: „Produkt Development in den World Auto Industrie", Bookings Papers on Economic Activity, No. 3, 1987; und „Organisations for Effecitve Product Development: The Case of the Global Motor Industry", Ph.D. Thesis, Harvard Business School, 1989.

Entwicklungskosten werden steigen, die Gesamtprojektkosten jedoch drastisch reduziert werden.

Vergleichende Analysen zwischen japanischen und europäischen Produzenten zeigen sehr deutlich, daß prozeßorientierte Strukturen gegenüber dem veralteten und hierarchisch aufgebauten Taylorismus in der Produktivität um ca. den Faktor zwei besser sind.

Diese Strukturen, kombiniert mit westlichem Know How, können eine neue Ära der Produktivität einleiten.

„Daß sich etwas ändern muß ist klar, aber Änderungen sind erst durchsetzbar, wenn der Leidensdruck im Unternehmen zu groß wird."

(J. Tikart, Geschäftsführer des fraktal geführten Unternehmens Mettler Toledo, anläßlich der Qualitätsfachtagung 1993 in Ulm)

8. Was kommt nach der Reorganisation (Blickpunkt Maschinenbau)

Geht man von der Annahme aus, daß der wichtigste Faktor, um gegenüber der Konkurrenz in Zukunft Vorteile zu erzielen, in weiteren Reduktionen der Projektlaufzeit liegt, so muß die zeitliche Abhängigkeit verschiedener Prozesse zur Zielerreichung analysiert werden.

Time to Market ist der entscheidende Wettbewerbsfaktor.

Eine eingehende Studie aller Projektterminpläne des Jahres 1994 bei diversen Maschinenbauunternehmen, die bereits nach SE-Prinzipien arbeiten, ergab eine Situation, wie sie in Abb. 8.1 dargestellt ist.

Dabei ist zu erkennen, daß den zeitlich größten Anteil an Projektlaufzeiten die Absicherung der Dauerhaltbarkeit verursacht. Unter obiger Annahme können daraus folgende Verbesserungsbereiche abgeleitet werden:

Absicherung der Dauerhaltbarkeit ist sehr zeitintensiv.

1. Anzahl der zu erprobenden Generationen verringern.

2. Übergabezeiten von Fachbereich zu Fachbereich verringern.

3. Zeiten für fachbereichsinterne Abarbeitung von Projektinhalten verringern.

ad 1.) Ein gänzlicher Verzicht auf Absicherungsläufe und Prüfungen nach kundennahen Kriterien wird in absehbarer Zeit zugunsten von Computersimulationen nicht möglich sein, da ...

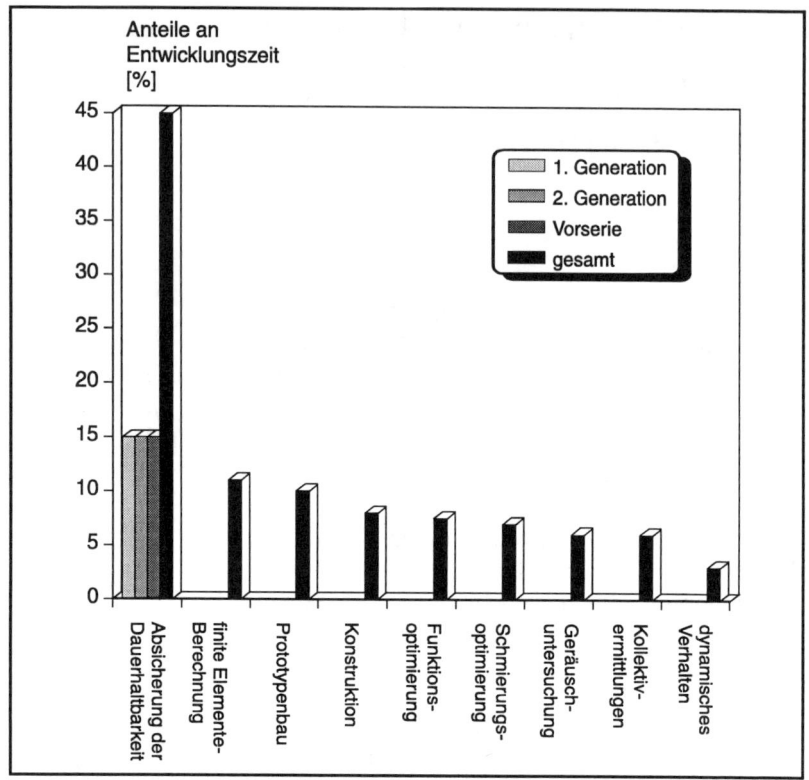

Abb. 8.1. Anteile verschiedener Prozesse an der Gesamtentwicklungszeit.

○ Berechnungsergebnisse eine Wahrscheinlichkeit von 80% aufweisen, und eine Erhöhung der Rechengenauigkeit auf 90% eine Steigerung der Rechenleistung um den Faktor 1800 voraussetzt (derzeitige jährliche Steigerung der Rechenleistung: ca. 30–50%).

○ Stark nicht-lineare Simulationen (z.B. Crashrechnung) nach wie vor einen Realinput (1. Crash) benötigen.

○ Der Gesetzgeber eine Verifizierung von Rechenergebnissen vorschreibt.

Wohl aber erscheint es realistisch, eine Prototypengeneration einsparen zu können, wenn ...

○ derzeit existente Computersysteme intensiver und früher in den Projektablauf integriert werden. Dies ist erreichbar, indem CAD-Daten besser verfügbar und verarbeitbar gemacht werden für CAE und CAM.

Verstärkte Nutzung von Computersimulationen.

○ kritische Teilkomponenten durch Vorversuche erprobt werden, was wiederum impliziert, daß synthetische Echtzeitkollektivrechnungen beherrscht werden müssen.

○ Konstruktionen an sich fehlerfrei werden.

ad 2.) Die längsten Übergabezeiten sind von Konstruktion zu Prototypenbau zu beobachten. Eine Reduktion dieser Übergabezeiten ist möglich durch ...

○ simultane Konstruktion und Fräsdatensatzerstellung sowie Arbeitsplanerstellung (CAD-CAM-CAP-Schiene).

Durchgängige EDV-Konzepte.

○ Bildung von fraktalen Teams, bestehend aus CAD-, CAM- und CAP-Spezialisten, aus den firmeninternen Fachbereichen rekurtiert.

ad 3.) Die Optimierung der internen Durchlaufzeiten muß für jeden Geschäftsprozeß getrennt betrachtet werden.

A) Dauererprobung

○ Absicherung kritischer Komponenten in der frühen Projektphase. Selektion dieser Komponenten mit Hilfe von FMEA und QFD.

Synthetische Echtzeitkollektive als Basis für Erprobungen.

○ Drei-Schicht-Dauerlaufbetrieb mit künstlichen Abkühlungsphasen.

○ Bei Ausfall von Komponenten während Dauerlauf: Austausch und anschließende Absicherung auf dem Prüfstand nach gemessener Beanspruchung.

B) Berechnung

○ Da es nicht absehbar ist, wann Netzgeneratoren auf dem Markt verfügbar sind, müssen CAD-Daten CAE-gerechter aufbereitet werden. Dies ist einerseits durch Schulung der Konstrukteure und andererseits durch die Einführung des Berufsstandes „Technischer Zeichner — FE-Netzersteller" realisierbar. Zudem sind Synergien zwischen CAM und CAE anzustreben (einheitliche Daten für Faces und Surfaces).

Neues Berufsbild: FE-Netzersteller.

○ Hilfsmakros für Routinetätigkeiten sind zu erstellen (CAD, CAE und CAM).

○ Halbjährliche Software-Releases zugunsten besserer Schulung des Personals sind zu ignorieren.

C) Konstruktion

○ Standardbauteildateien in Form von z.B. Musterwellen, Zahnrädern usw. auf CAD.

○ Datenbanken für unterschiedliche Maschinen, Anlagen usw.

○ Hilfsmakros erstellen.

○ Intensive CAD-Ausbildung mit Schwerpunktanforderungen von CAE- und CAM-Systemen.

D) Prototypenbau

○ Intensivierung der CAD-CAM-CAP-Schiene.

○ Rapid Prototyping-Techniken für Gußteile.

Mit diesen Maßnahmen sind in den nächsten fünf Jahren weitere Reduktionen der Projektlaufzeiten um 20–25% möglich. Daraus abgeleitet sind mittelfristig folgende Strategien zu verfolgen:

Investitionspolitik

1. Die CAD-CAE-CAM-Schiene ist zu optimieren.

Investitionen in den EDV-Ausbau.

2. Synthetische Echtzeitkollektivrechnung muß beherrscht werden.

3. Echtzeitprüfstandssteuerungen mit optimaler Meßdatenverarbeitung.

4. Erstellung von Makros für CAD, CAE, CAM.

5. Ausbildung von multiplen Spezialisten (CAD-Konstrukteure mit CAE- und CAM-Kenntnissen).

6. Moderne Systeme zur schnellen Kühlung für Dauerläufe.

Personalpolitik:

1. Stabile mittelfristige Strukturen in Konstruktionsabteilungen.

Stabile Personalpolitik.

2. Lehrstelle „Technischer Zeichner — FE-Netzersteller".

Organisationspolitik:

1. Konsequente Weiterführung des SE-Konzeptes.

2. Ausgeprägte und durchgängige Konzeptphase.

3. Innerhalb des SE-Teams fraktale Gruppenbildung, um z.B. die CAD-, CAE-, CAM- und CAP-Schiene zu optimieren.

9. Literatur

Allgemein

1. Juran Institute: „Planing for Quality", USA 1987.

2. J. Hartley, J. Mortimer: „Simultaneous Engineering", UK 1991.

3. S. Shingo: „A Study fo the Toyota Production System", Productivity Press.

4. J.C. Ford: „Simultaneous Engineering", Lucas Automotive, UK.

5. T. Gilroy: „People and Organisation in Managing Simultaneous Engineering", Perkings Group, UK.

6. D. Douglas: „Simultaneous Engineering at Dello Remy", SME Technical Paper, p. 88–151.

7. G.E. Apostolakis, F.R. Farmer, R.W. v. Otterloo: „Reliability Engineering and System Safety", Elsevier, UK.

8. SFT Ges.m.b.H: „EAS-Sollkonzept", Graz 1991, interne Firmenschrift.

9. H.H. Danzer: „Quality Denken", TÜV Rheinland, 1990.

10. „Total Quality Management", American Supplier Institute, USA 1990.

11. J.H. Saylor: „TQM-Field Manual"., McGraw Mill, 1992.

12. J.P. Womack, D.T. Jones, D. Roos, „Die zweite Revolution in der Autoindustrie", Campus, 1991.

13. B. MIERITZ: „Rapid Prototyping ASA Management Decision Tool", Metallworking Technology, 1994.

14. 12. Qualitätsleiterforum, Tagungsbericht, GFMT München, 1994.

15. „Quality and Design issues in Automotive Simultaneous Engineering", SAE, SP-1035.

16. H.J. WARNECKE: „Revolution der Unternehmenskultur", Springer, 1993.

17. J. TIKART: „Die Entwicklung von Eigenverantwortung", GFMT, 1993.

18. K.R. BHOTE: „Supply Management", AMA, 1987.

19. J. KROTTMAIER: „Qualitätsorientiertes F&E-Management", Beitrag zum Qualitätssicherungsberater, TÜV Rheinland, 1994.

QFD

1. „Quality Function Deployment", ASI, USA.

2. L.P. SULLIVAN: „Quality Function Deployment", GFMT, 1988.

3. Y. AKAO, „Quality Function Deployment", Productivity Press, USA.

4. B. KING: „Better Designs in Half the Time", Goal/QPC, 1989.

5. N. SZLAVIK: „Erläuterung der Methode Quality Function Deployment", Diplomarbeit, TU Graz, 1991.

6. „A Collection of Presentations and QFD Case Studies", ASI, USA, 1988.

7. S.L. BOSSERT: „A Practitioners Approach", ASQC, USA.

8. S. BLÄSING: „The House of Quality", TQU Ulm.

FMEA

1. „Sicherung der Qualität vor Serieneinsatz", VDA 4, 1986.

2. F.J. BRUNNER: „Kombination FMEA — WA", QZ, Heft 4, 1990.

Versuchsplanung

1. D.E. GOLDBERG: „Genetic Algorithm", Addison Wesley, 1989.

2. M.S. PURDKE: „Quality Engineering Using Robust Design", Prentice Hall, 1989.

3. G. TAGUCHI: „Introduction to Quality Engineering", Asian Production Organisation, 1986.

4. K.R. BHOTE: „World Class Quality", ASA, 1988.

5. I. RECHENBERG: „Evolutionsstrategie", Frommann-Holzboog, 1973.

6. D. VÖGE, „Prozeßparameteroptimierung mit genetischen Algorithmen", Diplomarbeit, FH Osnabrück 1992.

7. J. KROTTMAIER, K. LEITER: „Geräuschminimierung an einem Hinterachsgetriebe", Atz 93, 1991.

8. R.A. FISHER: „The Design of Experiments", Oliver and Boyd, 1935.

9. F. YATES: „Experimental Design", Griffin Verlag, 1970.

10. D.J. WHEELER: „Understanding Industrial Experimentation", SPC, USA 1988.

11. J. KROTTMAIER: „Versuchsplanung", TÜV Rheinland, 1994.

12. J. KROTTMAIER: „Optimizing Engineering Designs", McGraw-Hill, 1993.

Index

A

Arbeitsweise, sequentielle 13

B

Benchmarking 59
Beschaffungsfreigabe (B) 38
Blue Collar-Bereich 69
Brainstorming 49
Brainware 16
Bvs.C-Tests 57

C

Components Search 52

D

Design, robustes 46
Desing Reviews (DR) 37
DFMA-Technik 43
Dispositionsfreigabe (D) 38
DOE 41
Drifts, zeitliche 52

E

Experten 73

F

Factorial Designs 45
FE-Netzersteller 102
Fehlerbaumanalysen 49
Fehlermöglichkeits- und
  Einflußanalysen 24
FMEA 25
fractal group 64
Fractional-Factorial-Design 56
Fraktal 81
Freigabestufen 37, 38
Führungsstil, partizipativer 88
Full-Factorial-Experimente 55
Funktionsanalyse 32

G

Genetic Algorithm 58
Gesamtleistungspaket 65
Gut-Schlecht-Vergleiche 53

H

Hardware Produkt 37
Hardware Prozeß 37
Hardware Rohmaterialien 37
Homing-In 50, 51

I

Ishikawa 2

K

Komponentenbestimmung ..48, 52
Konstruktionsfreigabe (K).........38
Korrelationsmatrix, QFD 23
Kundenwunsch, extern..............20
Kundenwunsch, intern..............20

L

Lastenheft (LH).........................38
Leane Organisation....................87
Leistungspakete........................63
Lenkungsausschuß..................74, 75
Lerngruppen, autonome............90

M

Management by Objectives........84
Management by Reacting............6
Multi-Vari-Charts.....................52

O

Optimierungstechniken.............24
Overengineering........................19

P

Paired Comparisons...................53
Parameter
   Auswahl von.........................50
   Bestimmung ausschlag-
   gebender..............................54
Parameterreduzierung...............50
Pilotprojekt................................3
Plankostenkatalog.....................75
Planungsfreigabe (P).................38
Primärdesign.............................16
Primärmaterial..........................60
Process-Monitoring-Charts........52

Projektanstoß (PA)....................38
Projektbeauftragter...................72
Projektleiter..............................72

Q

Quality Function
   Deployment (QFD)...............19

R

Reverse Engineering...........59, 60
Reviews, formale.......................40
Reviews, informelle...................40
Risiko-Prioritätszahl (RPZ).......35

S

Sekundärdesign.........................17
Sekundärmaterial......................60
Serienfreigabe (SF)....................38
Shainin.......................45, 48, 51
Simultaneous-Engineering........71
Software Produkt......................37
Software Prozeß........................37
Streuungsanalysekarten.....48, 52
Subleistungspaket.....................65

T

Taguchi........................2, 45, 46
Taguchi-Versuchsaufbauten.....56
Taylorismus..............................97
Teamrecruiting..........................66

U

Unternehmen, fraktale..............81
Ursache-Wirkungs-
   Diagramm.......................32, 49

V

Variables Search 54
Varianzanalyse 57
Verification Run 57
Versuchsfreigabe (V) 38
Versuchsplanung
   statistische (DOE) 41
   deterministische 45
   probabilistische 46

W

Warnecke 81
Wechselwirkungen 57
Wertanalyse (WA) 41

Springer-Verlag und Umwelt

Als internationaler wissenschaftlicher Verlag sind wir uns unserer besonderen Verpflichtung der Umwelt gegenüber bewußt und beziehen umweltorientierte Grundsätze in Unternehmensentscheidungen mit ein.

Von unseren Geschäftspartnern (Druckereien, Papierfabriken, Verpackungsherstellern usw.) verlangen wir, daß sie sowohl beim Herstellungsprozeß selbst als auch beim Einsatz der zur Verwendung kommenden Materialien ökologische Gesichtspunkte berücksichtigen.

Das für dieses Buch verwendete Papier ist aus chlorfrei bzw. chlorarm hergestelltem Zellstoff gefertigt und im pH-Wert neutral.

Druck: Mercedesdruck, Berlin
Verarbeitung: Buchbinderei Lüderitz & Bauer, Berlin